라벤더, 빛의 선물

라벤더, 빛의 선물
The Magic and Power of Lavender

초판 1쇄 발행 2018년 3월 15일

지은이	마기 티설랜드, 모니카 위네만
번 역	박하균
해 설	이택우
발행인	권선복
편 집	권보송
디자인	신숙영
전자책	천훈민
마케팅	권보송
발행처	도서출판 행복에너지
출판등록	제315-2011-000035호
주 소	(07679) 서울특별시 강서구 화곡로 232
전 화	0505-613-6133
팩 스	0303-0799-1560
홈페이지	www.happybook.or.kr
이 메 일	ksbdata@daum.net

값 17,000원

ISBN 979-11-5602-579-5 (13590)

Copyright ⓒ 마기 티설랜드, 모니카 위네만, 2018

* 이 책은 지은이 마기 티설랜드, 모니카 위네만과 도서출판 행복에너지의 직접 계약을 통해 대한민국에서 출간되었습니다.

도서출판 행복에너지는 독자 여러분의 아이디어와 원고 투고를 기다립니다. 책으로 만들기를 원하는 콘텐츠가 있으신 분은 이메일이나 홈페이지를 통해 간단한 기획서와 기획의도, 연락처 등을 보내주십시오. 행복에너지의 문은 언제나 활짝 열려 있습니다.

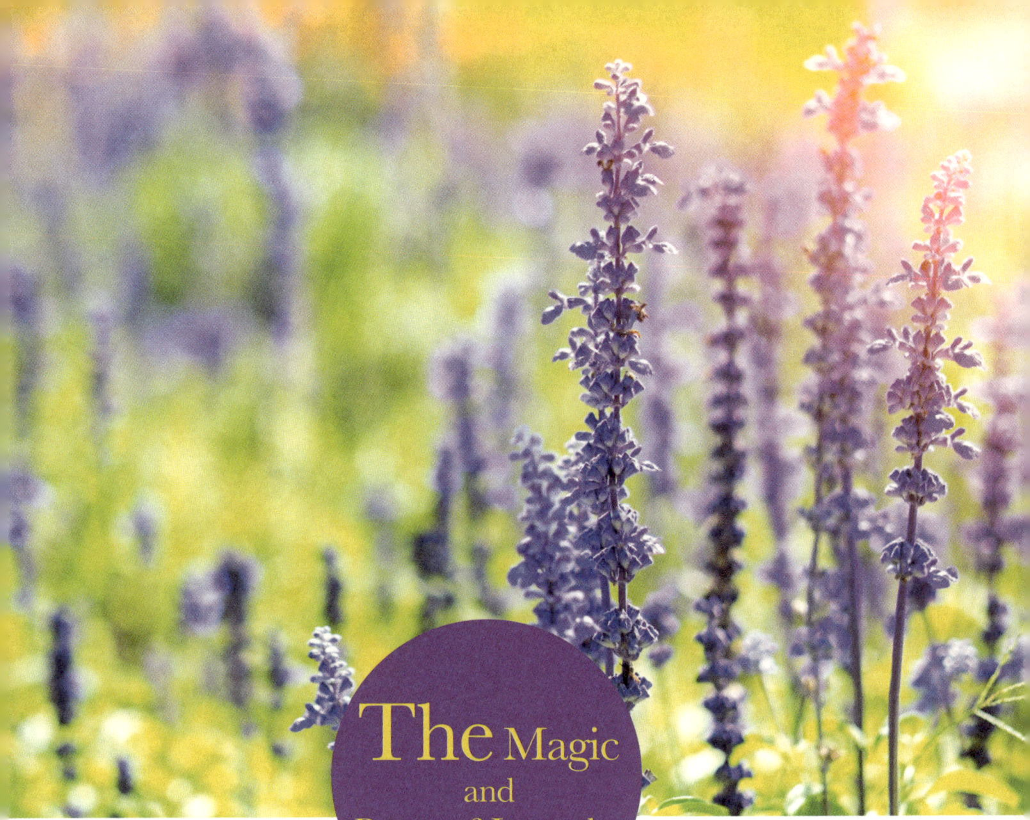

The Magic
and
Power of Lavender

라벤더, 빛의 선물

마기 티설랜드 · 모니카 위네만 저, 박하균 역

Contents

감사의 글 —— 6
서문 —— 9
서론 —— 12
들어가는 글 —— 14

1 고대의 라벤더 사용법 —— 20

2 라벤더에서 에센셜 오일을 얻는 방법 —— 32

3 라벤더는 어디에서 어떻게 재배되는가 —— 48

4 라벤더: 사실과 수치들 —— 66

5 현대 아로마테라피에서의 라벤더 —— 76

6 라벤더 레시피 —— 90

7 향료로서의 라벤더 —— 138

8 자기만의 라벤더 향수 조합하기 —— 146

9 라벤더를 기르는 방법 —— 158

10 라벤더 소품들 —— 168

11 라벤더 오일 적용표 —— 184

12 방문 가능한 라벤더 농장 —— 190

참고문헌 —— 191
더 읽어볼 만한 글들 —— 195
역자 후기 —— 196
해설의 글 —— 198
추천사 —— 203
출간 후기 —— 206

감사의 글

다양한 질문들에 깊은 열정을 갖고 응답해주신 모든 분들께 감사드립니다.

Henry Head, Norfolk Lavender
Mr. Denny, Bridestowe Estate
Robert Carberry, Quintessence Perfumes Ltd
Hazel Ransome, William Ransome Ltd
David Christie, The Jersey Lavender Farm
Pat Moody, Brighton Polytechnic Library

영어판을 편집해 주신 Sue Robinson과 Melanie Barrass에게도 특별한 감사를 드립니다.

마기 티설랜드

역사적으로 많은 사람들이 라벤더의 재배와 적용, 의료적 사용에 자신의 삶을 바쳐왔습니다. 이 책은 그들의 노력 없이는 완성될 수 없었을 것입니다. 그들 모두에게 감사를 드립니다.

많은 아이디어와 영감을 함께 나누었던 마기 티설랜드에게도 깊은 감사를 드립니다. 처음 이 책을 공동으로 출판하기로 논의했던, 너무나 짧게만 느껴지던 그 모든 날들에도 감사드립니다. 가치 있는 목표를 향해 한길로 나아가는 그녀의 넘치는 에너지 덕분에 행복했습니다.

우리를 위해 뉴욕 공공도서관과 뮌헨의 바바리안 주립도서관에서 조사를 담당하고 또 나의 초고를 영어로, 마기의 초고는 독일어로 번역해준 Matthias Dehne에게 감사드립니다. 특별한 기여를 해준 Asta Skocir에게도 깊이 감사드립니다.

책을 완성할 수 있도록 지치지 않고 긍정적인 도전과 도움을 준 나의 남편 Wolfgang Jünemann과, 또 나를 이해해주고 숨 쉴 공간을 내 준 나의 딸 Jennifer에게도 크게 감사하고 있습니다.

Mr. Linder와 Mr. Schierholz에게도 감사드립니다.

모니카 위네만

서문

아로마테라피는 그 가치를 매기는 것이 불가능할 정도로 내 삶의 일부분이 되어 있습니다. 나는 개인적으로 에센셜 오일의 치료적 효과에 감사해야 할 많은 이유를 가지고 있습니다. 특히 나의 사랑스러운 세 자녀들의 건강을 책임져 준 것에 깊이 감사하고 있습니다. 그중 라벤더 오일은 특별히 큰 빚을 지고 있는 에센스입니다. 이 책의 공동저자를 맡게 된 것이 기쁜 이유이기도 합니다.

나는 1972년에 라벤더와 처음 만났습니다. 당시에 나는 다양한 측면의 대안의학을 연구하는 사람들과 함께 런던 남부의 의학공동체에서 살고 있었습니다. 그들 중에는 아로마테라피를 연구하는 로버트 티설랜드와 마사지, 반사요법, 동종요법, 방사감지를 공부하는 여러 분야의 사람들이 있었습니다.

어느 날 한 친구가 팔에 심하게 화상을 입은 채로 문 앞에 나타났습니다. 별명이 비피인 그 친구는 라디에이터 뚜껑을 열다가, 끓는 증기에 손목부터 팔꿈치까지의 피부가 모두 벗겨질 정도의 깊은 화상을 입은 것입니다. 그는 극도의 고통을 느꼈지만 병원에 가는 것을 거부했고 대신 우리가 돌봐주기를 바랐습니다.

나는 쇼크를 진정시키기 위해 동종요법용 아르니카를 처방했습니다.

국가공인간호사인 애니는 소독기구로 2도 화상을 입은 죽은 피부껍질을 주의 깊게 벗겨냈습니다. 그 후에 로버트는 깨끗한 거즈에 라벤더 오일을 뿌린 후 화상 입은 곳에 발라주었습니다. 라벤더는 몇 분 동안 쏘는 듯한 고통을 주었지만 잠시 후에는 화상 입은 피부를 빠르게 진정시켰고 고통은 곧 줄어들었습니다. 같은 방법으로 라벤더를 일주일 조금 넘게 매일 사용하였고 감염은 발생하지 않았습니다. 2주 안에 팔은 완전히 나았고 어떤 흉터도 없이 그는 곧 일상으로 돌아올 수 있었습니다.

이때까지 나는 깊은 존중을 담아 동종요법을 공부하고 있었는데, 갑작스러운 이 경험을 통해 에센셜 오일의 치료적 힘 또한 거의 기적에 가까울 정도로 놀랍다는 것을 알게 되었습니다.

당시에 나는 로버트가 치료를 위해 라벤더를 선택한 것이 가테포세와 발레 박사에 대한 지식에 기초하고 있다는 것을 알지 못했습니다.

가테포세는 1930년 실험실 폭발사고로 손에 화상을 당했을 때 라벤더 오일로 상처를 치료했고, 발레 박사 또한 화상치료에 라벤더를 사용하여 동일한 놀라운 결과를 만들어냈습니다.

당시 나는 단지 내가 이 놀라운 사건의 목격자라는 것만을 알고 있었을 뿐입니다. 라벤더와 아로마테라피에 대한 근본적인 경외와 존중의 마음을 가지게 된 한 사람으로서 말입니다.

수년 동안 나는 수많은 문제와 조건들 속에서 여러 다양한 방법으로 라벤더를 사용해 왔습니다. 비록 라벤더가 일상적으로 사용되는 많은 에센스 중의 하나일 뿐이지만, 나에게 라벤더는 다양하게 사용할 수 있으면서도 또 가장 신뢰할 수 있는 에센스입니다. 라벤더는 피부에 순하고 정서적으로 부드러우면서도, 항생제와 신경안정제에 버금가는 강력한 효과를 가지고 있습니다.

라벤더의 아름답고 매혹적인 향기에 더불어 하나 더 말을 보태자면, 나는 짧게, 라벤더는 인간의 건강과 웰빙을 위한 가장 중요한 기여자라고 말하고 싶습니다.

내 마음 깊은 곳으로부터 이 놀라운 선물의 창조자에게 감사를 드립니다.

마기 티설랜드

이 책이 경미한 질환을 다루는 다양한 방법들을 제공하고 있기는 하지만, 이것이 특정한 병의 치료를 위한 조언이나 권고를 의미하지는 않습니다. 아플 때는 의사 혹은 자격을 갖춘 홀리스틱 의료전문가와 상담하시기를 바랍니다.

저자 일동

서론

아로마테라피에 대한 공통적인 관심이 우리를 모이게 했습니다. 둘의 인간적 '연금술'이 딱 들어맞는다고 보았기에 마기와 나는 꽤 자연스럽게 라벤더의 마법과 힘에 대한 이 책의 공동저자가 되기로 결정했습니다. 라벤더는 친숙하고 사랑스런 향기를 가진 가장 적합한 에센스이기 때문입니다.

우리의 주요한 목표는 여러분들에게 이 식물과 에센스의 달콤하고 매혹적인 비밀을 소개하는 것입니다. 우리는 당신에게 라벤더의 치료적인 힘을 보여주길 바라고, 라벤더의 그 길고 매혹적인 역사와 친밀해지게 만들고 싶으며, 또 라벤더를 경작하는 사람들과 농장도 소개해주고 싶습니다.

나는 진실로 우리의 노력을 통해 여러분들이 이 사랑스러운 식물에 대해 정통하도록 만들 수 있기를 바라고, 당신이 이미 라벤더와 친숙하다면, 라벤더의 놀라운 여러 특성들을 더욱 더 잘 이해하도록 도와줄 수 있길 바랍니다.

우리는 의사들, 홀리스틱 치료사들, 화학자들, 조향사들 그리고 친구들에게 이 '푸른 꽃'에 대한 그들의 경험을 물어보았고, 이를 통해 우리의 관찰을 당신과 함께 나눌 기회를 가질 수 있었습니다.

라벤더의 매혹적인 향기가 당신을 날아오르게 할 수 있기를, 그리고 우리의 실천적인 제안들이 당신의 삶을 풍부하게 만들어 줄 수 있기를! 이 책을 손에 잡은 지금 이 순간부터 당신이 라벤더와 그 에센스를 진실로 즐길 수 있게 되기를 소망해 봅니다.

모니카 위네만

Prologue

들어가는 글

　라벤더라는 식물은 수 세기 동안 사람들에게 알려져 있었고, 먼 옛날부터 이완과 진정, 재충전을 위해 사용되어 왔습니다. 시대의 변화에 발맞추어 라벤더의 향기는 유럽 전체로 보급되었고, 그 지역의 독특한 성격을 만들어내는 데 기여하면서, 유럽역사의 대부분 동안 향료계를 지배해왔습니다. 최근까지도 라벤더는 가장 친숙하고 대중적이며 또 그만큼 유용한 향수로 남아 있습니다.

　고대의 의학에 관한 글과 자료들은 라벤더의 치료적 힘에 대해 극찬하고 있습니다. 우리는 중세의 역사를 통해 라벤더를 다루는 사람들은 전혀 페스트에 희생당하지 않았다는 것을 알고 있습니다. 게다가 정기적으로 흡입했을 때 라벤더는 결핵으로부터 우리를 보호해줄 수도 있습니다.

　여러 가지 라벤더 사용법이 알려져 있습니다. 고대 이집트에서 제사장들은 시체를 미라로 만들기 위해 아마포에 라벤더 에센스와 역청을 적셔서 사용했던 것으로 알려져 있습니다. 조셉 니엡스는 라벤더 증류오일 없이는 최초의 사진을 만드는 데 성공하지 못했을 것입니다. 그의 소위 '헬리오그램'은 라벤더 오일로 희석한 역청을 은판에 도색한 것입니다. 당연하게도 많은 시인과 작가들이 라벤더의 놀라운 능력을 노래해 왔습니다.

오늘날 의학과 화학은 이 달콤한 향의 에센스가 가진 치료적 힘에 훌륭한 근거가 있다는 것을 보여주는 결정적인 증거들을 발견해내고 있습니다. 라벤더의 그 오래된 신화와 전통이 근거 없는 미신이 아니라 타당한 지식과 경험을 통해 입증된 올바른 것이었다는 게 밝혀지고 있는 것입니다.

라벤더는 그 매력적인 메시지를 열어보도록 손짓하며 우리를 유혹합니다. 그것은 건강과 아름다움, 웰빙의 증진을 위해 기꺼이 그 능력을 우리에게 제공해 줍니다. 라벤더에는 조화가 필요한 곳에 조화를 창조하는 힘이 있습니다. 폭력이나 강요는 필요 없습니다. 사실 라벤더의 방식은 꽤 친절하고 미묘합니다. 그것은 우리의 피부, 우리가 호흡하는 공기, 우리의 후각을 통해 우리의 몸과 영혼을 매만져줍니다. 쉽게 인식하기 힘든 복합적인 방식으로 라벤더는 그 마지막 운명에 다다릅니다. 우리의 정서적 기억이 저장되는 신경중추에 이르게 되는 것입니다. 라벤더는 '천상의 것'이라고 불릴 만한 것이지만, 그럼에도 라벤더의 효과는 과학적으로 인식할 수 있는 것이고 현대 의학은 그것을 분석하는데 성공해 왔습니다.

에센셜 오일의 인기와 그 사용에 대한 지식, 그 치료적 특성과 관련하여, 결국 한 사람의 이름이 언급되어야 합니다. 르네-모리스 가테포세는 1928년 현대적 의미의 아로마테라피를 만들어 냈습니다. 아로마테라피라는 말을 만들어 낸 사람도 다름 아닌 그 사람입니다. 가테포세의 삶에서 라벤더는 결정적인 역할을 했고 그를 새로운 길로 탐구해 나가도록 이끌었습니다.

어느 날 가테포세는 실험실에서 작업을 하는 중 손에 화상을 입었습니다. 그는 즉시 손을 순수한 라벤더 오일에 집어넣었습니다. 화상은 생각했던 것보다 빨리 회복되었고 흉터도 전혀 남기지 않았습니다. 이 놀라운 사건은 그가 그의 남은 삶 전체 모든 에너지를 에센셜 오일과 그 특성에 대한 과학적 탐구에 바치게 했습니다. 많은 사람들이 그의 앞선 발견들을 확장시키고 실체화하기 위해 그의 발자국을 따라갔습니다. 그리고 바로 그 노력들이 이 고대의 치료 기술을 현대적 형식 속에서 이용가능하게 만들어 주었습니다.

그러나 아로마테라피는 일상적으로 우리가 '테라피'라는 단어로 이해하고 있는 관념을 넘어서도록 인도해 줍니다. 아로마테라피가 단순히 질병을 치료하는 의학적 수단만을 의미하는 것은 아니라는 말입니다. 아로마테라피는 예방적 치료이자 케어이고 그런 의미에서 우리의 삶 전체에 완전히 새로운 길을 열어 줍니다. 우리의 면역체계를 강화시킴으로써, 그것은 몸과 마음의 웰빙에 대한 공격을 막아낼 수 있게 해줍니다. 에센셜 오일의 사용을 통해 우리 스스로를 강화시켰기에 질병은 우리에게 뿌리내릴 수 없게 됩니다. 아로마테라피는 우리의 몸과 마음을 이롭게 하고 우리 존재의 모든 측면에 영향을 미치면서 전체적인 감각을 통해 퍼져나갑니다. 그것은 우리의 신체조직과 그 기능들, 우리의 정서, 우리의 사고, 우리의 모습에까지도 영향을 미칩니다.

　우리는 진실로 이러한 홀리스틱한 접근법의 효과를 믿고 있으며, 이 책의 목표도 우리 독자들의 전반적인 웰빙에 기여하기 위해서입니다. 우리는 놀랍도록 다재다능한 라벤더라는 식물과 그 에센셜 오일을 독자들에게 소개할 수 있기를 바랍니다. 라벤더는 정말로 다양한 방식으로 사용할 수 있습니다. 라벤더는 목욕, 로션, 마사지오일, 향수, 포푸리, 향주머니, 아로마램프 등등에 사용할 수 있습니다. 그러나 우리는 또한 의사들 혹은 비의학적 실천가들도 유용하다고 느끼게 만들 수 있는 몇 가지도 함께 제안 할 것입니다.

　라벤더 오일의 좋은 물질들은 우리의 삶의 질을 향상시키고 그 매력적인 향기는 우리를 즐거움으로 채워줍니다. 아무도 고약한 냄새를 좋아하지는 않습니다. 달콤한 향기만이 우리의 상상력에 날개를 달아줄 수 있습니다.

1
Magic and Power
Lavender

고대의 라벤더 사용법

우리는 라벤더가 어디에서 기원했는지 정확히 알지는 못합니다. 여러 참고문헌들이 서로 다른 장소를 가리킵니다: 페르시아, 이집트, 그리스, 이탈리아. 누가 처음 라벤더와 라벤더의 여러 치료적 효과들을 향유했는지도 아주 확실하게는 알 수 없습니다.

지금까지의 연구에 따르면 라벤더의 역사는 기원후 1세기 즈음에 시작되었습니다. 그 당시 그리스 출신의 로마 의사인 페다니오스 디오스쿠리데스는 그의 책『마테리아 메디카』에서 "스파이크 혹은 스토에카스 오일"* 을, 그 말의 진실한 의미에서 "새로운 시대를 여는 성취"라고 말했습니다. 이 책『마테리아 메디카』는 17세기 유럽에서도 개정, 확장된 판본으로 계속 사용되었습니다.

---

* 오늘날 사용되는 식물학상의 이름은 라벤듈라 스피카와 라벤듈라 앙구스티폴리아 – 스토에카스 입니다. 라벤듈라라는 이름은 이탈리아어에서 나왔고 후기 중세 이래 공통적으로 사용되었습니다.

디오스쿠리데스의 '스파이크와 스토에카스' 오일은 아마도 에센셜 오일이 아니라 인퓨전 오일이었을 것입니다. 인퓨전 오일은 건조된 식물을 용기에 넣고 그 허브가 올리브나 아몬드 같은 식물성 오일에 완전히 잠기도록 채워서 만듭니다. 사용되는 용기는 물이 스미지 않도록 만들어져 있는데, 그 용기를 뜨거운 물이 담긴 냄비에 넣어서 한두 시간 동안 끓입니다. 끓인 후 다 식었을 때 그 '아로마 오일'의 식물찌꺼기를 걸러낸 뒤 공기가 통하지 않는 밀봉된 용기에 저장해 놓습니다. 만들어진 라벤더 인퓨전 오일은 관절통증이나 근육통의 마사지를 위해 사용되거나 병이 들었을 때 치유를 돕기 위해 사용되었을 것입니다.

증류 기술은 기원후 550년 비잔틴 제국의 의사인 아에티우스 아미다에 의해 처음 묘사되고 있고, 거의 오백 년 후에 아랍의 철학자이자 의사인 이븐 시나에 의해 다시 보고되고 있습니다. 이븐 시나는 서양에서 아비세나로 더 잘 알려져 있습니다. 아비세나의 『의학 정전』에는 에션셜 오일의 사용을 포함한 많은 규정들이 적혀있습니다. 디오스쿠리데스의 『마테리아 메디카』와 마찬가지로 『의학 정전』은 라틴어로 번역되어 수세기 동안 유럽의학에 영향을 미쳤고, 대륙 전체에 걸쳐 대학에서 광범위하게 가르쳐졌습니다. 그것은 그 시대 의학에 대한 가장 광범위한 전문 서적이었고 생리학, 병리학, 진단과 치료의 교과서였으며, 심리학적 조언, 식생활, 운동, 허브 사용법, 에센셜 오일 그리고 수술법까지도 담고 있었습니다.

라벤듈라 스토에카스의 분포에 관한 여러 가지 사실들은 이 식물이 기원전 500년쯤에 프랑스 남부로 이식되었다는 것을 보여줍니다. 이 시기가 그리스 식민지배자들이 처음 마르세유 지역에 살았던 때입니다. 생트로페즈와 툴롱 사이의 르 라벙두라는 휴양지는 오늘날까지도 일르 디 예흐라는 작은 섬의 맞은편에 존재하고 있습니다. 고대에 이 섬들은 '스토에카데스'라고 불렸으며, 라벤더로 온통 뒤덮여 있었습니다.

중세시기 동안 치료술에 관한 지식은 수도사들, 특히 베네딕트 수도회에 의해 전승되었습니다. 독일에서 '라빈듈라'라는 이름은 9세기경의 문서에서 처음 나타납니다. 물론 '스파이크'라는 오래된 이름이 더 자주 사용되었습니다. 12세기에 힐데가르트 빙엔 수녀(1100~1179)는 식물에 관한 그녀의 저작들 중 하나의 장 전체를 '드 라반듈라'라는 이름으로 바치고 있습니다. 중세의 다른 어떤 저자들도 독일의 힐데가르트보다 라벤더의 사용에 대해 많이 말한 사람은 없습니다. 아비세나의 저작을 많이 참조했던 알베르투스 마그누스도 라벤더의 향기에 대해 단 한번 언급했을 뿐입니다. 오틀로프는 자궁질환에 대한 라벤더의 치료적 효과를 높이 평가했으며, 하이로니무스 보크는 라틴어 '라바레'(씻다)라는 용어에서 그 이름이 나온다고 했습니다. 그때나 지금이나 라벤더는 목욕할 때 사용되었기 때문입니다. 1485년에 쓰인 『건강의 정원』이라는 허브요법에 관한 유명한 모음집에서, 라벤더는 "동정녀 마리아의 식물"로 불리며 "육체의 욕망"을 쫓아내는 능력을 지녔다고 칭송되었습니다.

라벤더는 1500년대에 훨씬 더 광범위한 매력을 끌게 되었습니다. 주요하게는 그리스~로마에서 기원한 증류법이 재발견되었기 때문입니다. 1543년 파리에서 출간된 『노리쿰 제약안내서』에서 발레리우스 코르두스는 세 가지 오일에 대해 말하고 있습니다: 테레빈 오일, 향나무 오일, 스

파이크 오일. 40년 후의 개정판에는 라벤더 오일이라는 단어도 언급되고 있습니다. 곧 증류에 대한 연구가 잇따랐습니다. 발터 헤르만 리프에 의해 편찬된 『증류에 대한 새롭고 확장된 책』에는 남프랑스에서 라벤더 오일이 어떻게 증류되는지를 묘사하고 있습니다. 그는 "게다가 그것은 매우 비싸게 낙찰된다"는 관찰도 함께 적고 있습니다.

앞서 언급된 어떤 책들보다 더 중요한 책은 파라셀수스의 『영약과 향수』입니다. 비정통의학을 실천했던 정통의학자인 노스트라다무스도 이 책으로부터 영향을 받았습니다. 이 책은 아마 그가 '흑사병'이라는 무서운 전염병의 희생자들과 함께 머물며 치료하도록 용기를 주었을 것입니다. 마르세유와 리옹에 걸쳐 이 전염병의 희생자들을 돌보면서 그의 유일한 보호책은 "장미로 만든 알약"을 먹는 것과 향기로운 물질과 오일을 담은 용기를 가지고 다니는 것뿐이었습니다. 그리고 그중의 하나가 라벤더였습니다. 16세기에서 17세기로 넘어가면서 증류의 인기는 점점 높아졌습니다. 오트 프로방스에서는 야생 라벤더가 정기적으로 채취되었습니다. 비엔나 근방에서는 라벤더를 재배하여 수확하였으며, 후에는 더 대규모로 영국의 서리(미첨)와 노퍽지역에서 재배되었습니다.

중세 후반을 지배하던 악취에 대한 관용은 약해지고 있었습니다. 향수는 그 시대를 대표하는 단어가 되었고 모든 형태의 향기로운 물질은 르네상스를 맞이하게 되었습니다. 헨리 8세와 그의 딸 엘리자베스 1세는 이러한 발전에 기여했고, 월터 롤리와 프랜시스 베이컨도 마찬가지의 기여를 하였습니다. 근대 유럽을 형성하는 데 그들이 한 기여는 모두가 알고 있지만, 그들이 향수의 역사를 풍성하게 만드는 데도 기여했다는 것은 거의 알려져 있지 않습니다. 그들은 스스로 직접 향수를 사용함으로써 향수와 오일의 사용을 대중화시켰습니다. 파리에서는 최초의 향수 가게가 대중들을 향해 문을 열었고, 영국 상류계급의 사람들은 그들이 가진 향기로운 물질들을 스스로 증류해내고 있었습니다.

최근 노퍽에 있는 유명한 라벤더 농장에 방문했을 때, 거기서는 이미 16세기 중반부터 라벤더가 재배되고 있었다는 사실을 알게 되었습니다. 헨리 8세는 성의 정원에서 기른 라벤더로 만든 베개를 가지고 있었습니다. 그 정원은 어릴 적 엘리자베스 1세가 놀던 곳이었습니다. 그녀는 허브 정원을 사랑했고, 특히 라벤더를 좋아했습니다. 그녀의 치세 기간 동안 허브 정원은 이전에 전혀 누려보지 못했던 인기를 얻었고, 아마 앞으로도 다시는 그런 큰 인기를 얻지는 못할 것입니다. 대저택과 영지에서는 특별한 하인들이 증류실에 배치되었습니다. 그들은 주인을 위한 로션(화장수)과 포맨더(pomander, 공 모양으로 만든 꽃다발, 볼부케)를 만들고 관리하는 일을 했습니다.

화사한 잉글리시 라벤더는 밝고 깨끗한 향기로 2세기가 넘도록 가장 사랑받는 꽃이었습니다. 모든 연령의 섬세하고 예민한 여성들은 고약한 냄새와 졸도로부터 스스로를 보호하기 위해 말 그대로 '라벤더수'로 목욕을 했습니다. 라벤더는 건조시켜 샤셰(sachet, 향기주머니)로 사용되었습니다. 베개 아래에 놓인 샤셰는 편두통을 없애고 숙면에 도움을 준다고 생각되었습니다. 휴 플랫은 1609년에 쓴 그의 책 『숙녀를 기쁘게 하는 것들』에서 라벤더수의 다양한 사용법을 묘사하고 있습니다. 그러나 그는 동시에 라벤더수의 "뜨겁고 미묘한 정신"에 대해서도 경고하고 있습니다.

프랑스는 영국보다는 덜 청교도적이었습니다. 프랑스에서는 여성이 그 아름다움으로 숭배되었습니다. 니농 드 랑클로(앤 드 랑클로로도 알려져 있습니다)의 이야기보다 이것을 더 잘 보여주는 사례는 없습니다. 1520년에 태어난 그녀는 숙련된 고급 매춘부로서 그리고 극작가인 몰리에르의 연인이자 가장 친한 친구로서 흥미진진한 삶을 살았습니다. 물론 어떤 사람들은 문란한 삶이라고 말할 수도 있을 것입니다. 그녀는 생애의 말년에조차 날씬한 몸매와 깨끗한 피부를 유지하는 데 성공해서, 85세에 죽을 때까지도 주름이 없을 정도였습니다. 그녀는 그녀의 수많은 아름다움의 비밀 중에 몇 개만을 공개했는데, 허브 목욕이 그중의 하나입니다. "건조된 라벤더, 로즈마리, 민트, 짓이긴 컴프리 뿌리, 그리고 사향초 각 한 줌을 그릇에 넣고, 한 컵 정도의 끓는 물을 허브에 부은 후 20분간 담가놓는다. 목욕물에 섞은 후 20분 정도 욕조에 앉아있는다."

위생적인 라이프스타일이 확실하게 그 시대의 트렌드가 되었을 때 라벤더 오일은 재빨리 에센셜 오일 중 최고의 자리를 차지하게 되었습니다. 이러한 발전에는 한 가지 사건이 결정적인 역할을 합니다. 우리는 지금 일찍이 1508년 이탈리아 플로렌스의 성벽 바로 밖에 새로 설립된 산타 마리아 노벨라 성당의 실험실에서 합성된 한 '치료제'를 말하고 있습니다. 이 처방전은 세대에서 세대로 비밀스럽게 전수되어 오다가, 1710년 "오 드 꼴롱 4711"이라는 새로운 이름으로 유명해졌습니다. 그 당시에 그것은 아름다움이나 위생을 위한 물품이자 또한 '치료'를 위한 약품이기도 했습니다.

이를 통해 우리는 라벤더가 먼 과거부터 약과 향료로 사용되어 왔다는 것을 알 수 있습니다. 라벤더의 효과는 늘 현실에서 증명되어 왔고 그 인기는 언제나 유지되었습니다.

어떻게 라벤더와 향수가 함께 역사를 만들어 왔는가

수 세기 동안 라벤더의 향기가 매력을 잃었던 적은 한 번도 없습니다. 그러나 모든 역사와 마찬가지로 라벤더의 역사도 운명의 부침에 따라 변화해 왔습니다. 한 시대의 가장 사랑받는 향기는 그 시대의 지배적인 정신세계를 반영합니다. 라벤더는 역사 속에서 늘 사용되어 왔습니다. 그러나 항상 그렇게 인기가 높았던 것은 아닙니다.

라벤더의 향수로서의 여정은 파리의 르네 르 플로랑탱의 집에서 시작되었습니다. 그는 프랑스의 왕 헨리 2세의 아내인 카트린 드 메디치의 조향사였습니다. 그의 이름이 말해주듯이 르네는 플로렌스 출신입니다. 1533년 그는 퐁 샹쥬 거리에 향수가게를 열었고 곧 큰 인기를 얻었습니다. 르네의 작품들은 정확하게 동시대인들의 기호에 들어맞았기에 이 사업은 모든 측면에서 성공적이었습니다.

그러나 시대가 바뀌었습니다. 계몽주의의 시대가 왔고 그와 함께 감각적 지각과 정서적 행복감에 반대하는 독특한 편견이 새롭게 생겨났습니다. 라벤더의 달콤한 향기는 이성에 의해 검열되었습니다. 오직 기능적이고 실용적인 것만이 가치 있는 것이라는 이성중심적인 심성에 의해 단죄되었던 것입니다. 그러나 한번 불붙은 달콤한 향기에 대한 열망이 완벽하게 억압될 수는 없었습니다.

마침내 1775년 우비강은 생토노레 거리에 그의 유명한 향수가게인 '꽃바구니'를 열수 있었습니다. 여기에서는 포마드기름과 샤셰, 에센스와 향수들 사이에서 라벤더와 테라빈유의 혼합물을 살 수 있었습니다. 순수한 라벤더 오일은 아직 활용되지 못했기 때문입니다. 향수는 또 한번의 새로운 붐을 경험하고 있었고, 이러한 발전은 1789년 프랑스 혁명의 엄격한 분위기로 인해 지체되긴 했지만 멈추지는 않았습니다. 이어지는 나폴레옹 시대에 향수는 전에 없이 향유되었으며, 향기를 내는 동물까지도 향수로 인정을 받았습니다.

예를 들어 조세핀 황후는 항상 사향 향수를 뿌렸습니다. 보나파르트 나폴레옹은 그가 그토록 원하던 왕위 계승자를 낳을 수 없다는 것을 알고 그녀를 떠났지만 그녀는 최소한 잊히지만은 않길 원했습니다. 그녀는 말메종에 있는 그녀의 궁전 벽에 강력한 최음제인 사향을 스며들게 했습니다. 불쌍한 나폴레옹! 그는 그 영향으로부터 벗어나기 위해 꼴롱이라는 향수를 문자 그대로 들이부어야 했고 심지어 마시기까지 했습니다. 꼴롱에 들어가 있는 라벤더 오일의 진정시키는 효과는 조세핀의 손아귀에서 그를 벗어나게 해주었습니다. 사향이 아니더라도 그녀에 대한 그의 진실한 사랑 때문에 그것은 상당히 어려운 일이었을 것입니다.

독일에서는 동물과 관련된 물질을 원료로 하는 독한 향수는 경멸되었습니다. 이곳에서 향기는 신선함과 깨끗함과 연관된 것이었습니다. 자연스러운 풀의 향기, 즉 프랑스에서 수입된 라벤더가 선호되었고, 특히 비더마이어 시대가 시작된 1815년 이후에는 더욱 그랬습니다.

향기의 역사에서 처음 등장하는 유명한 향수는 '헝가리 수'라고 불리는 것입니다. 이것은 로즈마리를 증류한 것으로 1370년에 등장했는데 후에 라벤더와 마조람 에센스가 더해져서 완성되었습니다. 거의 4세기가 지나서야 그다음으로 유명한 향수이름인 '오 드 꼴롱'이 등장합니다. 이것 또한 그 주 원료의 하나로 라벤더 오일을 사용했습니다. 오 드 꼴롱은 원래 살균과 소독이라는 약효를 위해 사용되었기에 감귤과 식물성 오일의 혼합물이 포함되어 있었습니다. 원래 약품이던 오 드 꼴롱은 후에 세계적으로 가장 유명한 화장수가 되었습니다.

 향수산업의 황금시대가 시작된 19세기 말 이래로 오 드 꼴롱의 지위는 170년 동안 변하지 않았고, 그때 이래로 향수산업은 고도로 정교화된 일종의 예술이 되었습니다. 고대의 이집트와 메소포타미아 문명에서, 그리고 그리스~로마의 역사를 지나면서도 오직 자연적인 향기만이 알려져 있었습니다. 이것은 19세기 후반까지도 마찬가지였습니다. 그러나 유기화학의 등장과 함께 새롭게 등장한 합성향이 이미 널리 존재하던 향기들의 목록에 추가되었습니다. 지금은 그 가능성에 한계가 없습니다. 1882년은 오비강의 '푸제아 로얄'이 탄생한 해였습니다. 이것은 라벤더 오일을 주요 성분으로 하는 또 다른 유명한 향수의 이름입니다.

오 드 꼴롱

라벤더	1 fl oz (약 30ml)
베르가못	1 fl oz (약 30ml)
레몬	1 fl oz (약 30ml)
오렌지꽃	1 fl oz (약 30ml)
시나몬	1/4 fl oz (약 7ml)
로즈마리	1/4 fl oz (약 7ml)
알콜 (70%)	2 1/2 gallons (약 10L)

이런 역사적 과정을 통해 라벤더 에센셜 오일은 자연스럽게 향기의 역사에서 핵심적이고도 널리 영향을 미치는 성분이 되었던 것입니다. 까마득한 과거로부터 바로 오늘날까지도 말입니다.

2
Magic and Power
Lavender

라벤더에서
에센셜 오일을
얻는 방법

"증류 없이는 에센셜 오일도 없다." 이 간결한 말은 에센스에 있어 증류의 과정이 실제 얼마나 결정적인가를 보여줍니다. 물론 아로마 물질을 얻는 여러 다른 방법들이 있습니다. 그중에 압출법은 증류법이 발견되기 이전에 고대로부터 사용되어 왔습니다. 그러나 압출이 가능한 재료들은 상당히 제한되어 있습니다. 마사지를 위해서는 인퓨전 오일이 이상적입니다. 그러나 압출법으로는 증류된 에센스가 가진 여러 다양한 기능들을 수행할 수는 없습니다. 그것은 음용할 수 없고 목욕할 때에 사용할 수도, 향수로도 사용할 수 없습니다.

증류의 역사

증류기술은 수 세기 동안 에센셜 오일의 최대 산출량을 늘리기 위해 정교해져 왔습니다. 이런 수준에 도달하는 데는 오랜 시간이 걸렸습니다. 우리는 에센셜 오일을 이용 가능하게 만든 수 세대의 연구자들과 전문사용자들에게 빚을 지고 있는 것입니다. 그들의 노력 없이는 지금 우리가 누리는 만큼 에센셜 오일을 즐길 수는 없었을 것이고, 아로마테라피는 그저 막연한 가능성 이상이 아니었을 것입니다.

증류술은 역사적으로 상당히 오래전에 시작되었습니다. 증류를 위한 원시적인 장치들은 이미 기원전 1500~1000년경 인도와 중국에서 사용되었습니다.

이집트에서 그 전통은 더욱 오래되었는데 거의 기원전 4000년경까지 거슬러 올라갑니다. 이 고대의 지식은 그리스와 로마 제국을 거쳐 아랍

세계로 전해졌습니다. 이후 10~11세기경 아랍문화의 전성기 동안에 더욱 발전해 나갔고 후에 더 북쪽에 있는 나라들로 퍼져나갔습니다.

15세기 유럽, 약리학과 치료의 기술이 분리되던 시기에 증류법도 확립되었습니다. 하이로니무스 브론쉬빅 스트라스부르크는 1512년 다음과 같은 간결한 언어로 증류를 묘사했습니다. 이 글은 증류의 실제적인 과정과 그 밑받침이 되는 철학적 원리를 종합하고 있습니다.

증류라는 것은 거친 것으로부터 미묘한 것을 분리해내는 것,
미묘한 것으로부터 거친 것을 분리하는 것을 의미한다.
부서지고 깨지기 쉬운 것을 부서지지 않게 만들기 위해,
물질을 비물질로 변형시키기 위해,
물리적인 것을 정신적인 것으로,
그리고 아름다움이 요구되는 것을 아름답게 만들기 위해.

점점 더 많은 여러 종류의 오일들이 증류되었습니다. 그러나 증류술이 마침내 오늘날 우리가 아는 모든 것들을 생산하게 된 것은 19세기가 지나서였습니다.

거친 것으로부터 미묘한 것을 분리하기 위한 여러 방법들

라벤더의 에센셜 오일은 라벤더의 꽃과 잎과 줄기에 담겨 있습니다.

그러므로 라벤더 전체가 증류됩니다. 그러나 향수로 사용하기 위해 순수하게 라벤더 꽃으로만 증류할 수도 있습니다. 라벤더 오일을 얻는 방법은 세 가지이고 모두 다 오늘날에도 사용되고 있습니다.

1. 직접증류(혹은 직화증류)

이것은 가장 오래된 형태의 증류입니다. 현대에 와서 기술적으로 많이 정교화되기는 했지만 그 원리 자체는 근본적으로 변하지 않았습니다. 직접증류에서는 원료가 되는 식물을 물로 채운 큰 냄비에 넣고 물이 끓을 때까지 불로 직접 가열합니다. 이 과정은 아주 주의 깊게 다루어야 합니다. 왜냐하면 조금이라도 과도하게 열을 가하면 향기가 되는 에센스를 태워버릴 수 있기 때문입니다. 그러나 장미나 오렌지꽃 같은 식물을 증류하는 데는 직접가열 외에는 방법이 없습니다. 직접증류는 냄비에 야채를 넣고 끓이는 것에 비유해볼 수 있습니다.

2. 증기증류

오늘날에도 이 방법은 여러 식물들에 적용되는 가장 널리 사용되는 증류의 방식입니다. 증류기의 하부는 물로 채워져 있고 그 위에 금속 그물막이 놓입니다. 증류기에 원료가 되는 식물을 가득 채우고 단단히 압축시킵니다. 물이 데워져 솟아오르는 저압 증기가 원료를 지나가면서 에센셜 오일을 분리해냅니다. 이 방법은 야채를 증기로 찌는 것에 비유해볼 수 있습니다.

3. 고압 증기증류

이 방법에서는 물과 원료가 되는 식물이 분리되어 담깁니다. 물이 가열되고, 아주 뜨거운 증기가 고압으로 파이프를 통해 원료가 되는 식물을 지나갑니다. 고압 증기증류법은 오늘날 라벤더 오일을 생산하는 데 가장 자주 사용되는 방식입니다.

이 방식은 다른 증류법들보다 훨씬 더 빠르고 에스테르가 풍부한 에센셜 오일의 산출을 높여줍니다. 우리는 이 방식을 압력솥에 야채를 넣고 찌는 것에 비유할 수 있습니다.

그러나 이 세 가지 방법 모두는 같은 결론으로 이끕니다. 식물에서 빠져나온 에센스를 담고 있는 증기는 점점 좁아지는 파이프("거위 목"이라고 불립니다)로 모아져서 응결기를 지나가게 됩니다. 응결기를 지나면서 증기가 식어 물과 에센셜 오일로 변합니다. 후에 "플로렌틴 꽃병"

2 라벤더에서 에센셜 오일을 얻는 방법   37

이라고 불리는 용기에 물과 오일이 함께 담기는데, 라벤더 오일이 물과 분리되어 위쪽 표면부에 모이게 되면, 그것을 빨아올려 별도의 보관용기에 담게 됩니다.

　라벤더로부터 얼마나 많은 에센스를 획득할 수 있는가를 결정하는 몇 가지 요인들이 있습니다. 라벤더의 나이, 날씨, 재배법, 그리고 수확과 실제적 처리과정 사이의 시간 등입니다. 4년에서 7년생 라벤더가 가장 높은 산출량을 보여줍니다. 6월과 7월의 높은 온도는 더 많은 산출량을 보장해줍니다. 차가운 날씨는 생산량을 감소시킵니다. 재배된 라벤더는 야생 라벤더보다 더 많은 라벤더 오일을 산출합니다. 에센스의 산출량을 높이기 위해서는 수확된 후 48시간 내에 처리해야만 합니다.

예술로서의 증류

　라벤더를 증류한다는 것은 일종의 예술적인 행위입니다. 그것은 고대의 역사에서 복잡한 연금술이 간주되던 것과 거의 같은 것입니다. 치열하고 세심한 주의와 전문적인 기술 그리고 오랜 경험이 필요합니다. 게다가 증류 기술자는 항상 자신이 우선시하는 것에 대해 질문을 해야 합니다. 질이 중요한가, 양이 중요한가.

　에센셜 오일은 때때로 식물의 '정신'이나 '영혼'으로 불립니다. 증류의 과정은 이 '미묘하고', '정신적인' 에센스를 물질적이고 거친 것으로부터 분리시키는 작업입니다. 이 목적을 달성하기 위한 방법이 우리의 최종 목적인 오일의 질 자체를 결정합니다. 물론 고온고압의 증기압력은 더 많은 산출량을 보장할 것입니다. 그러나 그렇게 한다는 것은 강제적으로 힘을 사용한다는 것을 의미합니다. 강제력은 에센셜 오일의 복잡한 구성에 간섭합니다. 그러한 방법은 라벤더 에센셜 오일의 질을 떨어뜨립니다.

현재까지 라벤더 오일의 구성성분은 약 170여 가지가 발견되었습니다. 그들 중 어떤 요소들은 압력과 열에 상당히 민감하기에, 열과 압력이 과도하고 강제적으로 사용되었을 때 그 성분들이 사라져버릴 수도 있습니다. 에센스의 작용범위는 전체적으로 그 성분의 완전성에 달려 있기에 구성성분을 잃는다는 것은 질이 떨어진다는 것을 의미합니다.

증류의 과정은 두 단계로 나뉠 수 있습니다. 구성성분의 90%가 전체 과정의 2/3의 시간에 방출되지만, 남아 있는 10%를 얻어내기 위해 나머지 1/3의 시간이 필요합니다. 경제성을 이유로 종종 증류과정이 너무 일찍 끝나버립니다. 이것은 오일 내의 특정 성분의 결여 혹은 성분비의 상당한 변형을 만들어냅니다.

이것은 실제 향수산업에서 추구할 만한 상당히 생산적인 접근입니다. 구성요소를 제거하거나 오일의 비율을 바꾸는 등 증류과정의 조절은 흥미로운 새로운 향기를 생산해 낼 수도 있을 것입니다. 그러나 아로마테라피를 실천하는 우리에게는 모든 구성요소 전체를 담고 있는 라벤더 오일이 필요합니다. 그랬을 때 라벤더 오일은 그 효과를 완벽하게 낼 수 있습니다. 우리에게는 구성요소들의 완전성에 도움이 될 만큼 천천히 그리고 부드럽게 얻어진 라벤더가 필요합니다.

　순수한 라벤더 오일은 훌륭한 오케스트라 음악이 우리의 귀를 즐겁게 해주는 것처럼 우리의 코를 만족시켜 주어야 합니다. 그것은 선율에 맞는 훌륭한 테마를 기본으로 해서, 여기에 다양한 키의 여러 악기들로 변주되면서도, 또 이들이 모두 함께 조화를 이루도록 구성되어야 합니다. 이것이야말로 그 말의 진정한 의미에서의 '구성'인 것입니다.

라벤더라고 다 같은 것은 아니다 – 여러 종류들

트루라벤더	라벤듈라 앙구스티폴리아
유의어	라벤듈라 오피시날리스 / 라벤듈라 베라
색	파랑/보라색 꽃
높이	60cm(약 2피트)
향	장뇌향이 없이 향기롭고 달콤함
사용	고급향수의 중요한 요소
산출량	0.5에서 1.5%의 에센셜 오일
분포	야생에서는 고지에서 자람, 프랑스 원산
개화기	7월 초 ~ 8월 초
주요성분	리나릴 아세테이트, 리날룰

　데니 브리지스톤은 "트루 라벤더는 상대적으로 적은 산출량을 보여주는 키가 작은 관목이다. 이것은 장뇌 성분을 전혀 포함하고 있지 않다"고 말합니다. 원산지는 고도 1,000미터에서 2,000미터 사이의 프랑스 해안 쪽 알프스입니다. 1,200미터 고도에서 가장 질 좋은 라벤더가 자라고, 이것은 종종 '몽블랑'이라고도 불립니다. 야생에서 자란 라벤더 꽃은 다양한 색을 가지고 있습니다. 흰색, 핑크색, 보라색 꽃봉오리가 한 나무에서 맺히기도 합니다. 그러나 꽃의 색은 오일의 질과는 상관이 없습니다. 최소한 그러한 연관성이 알려져 있지는 않습니다. 그러나 우리는 아로마테라피스트들이 어떤 다른 라벤더 오일보다 야생에서 자란 것을 좋아한다는 것은 알고 있습니다.

스파이크 라벤더	라벤듈라 라티폴리아
색	회색 꽃
높이	80cm에서 90cm
향	장뇌향
사용	비누, 저가의 화장품과 가루비누
산출량	0.5에서 1%의 오일
분포	낮은 고도에서 자람, 주로 해발 200m ~ 500m, 프랑스, 유고슬라비아, 스페인 원산
주성분	시네올과 장뇌

　데니 브리지스톤은 "스파이크 라벤더는 상당히 많은 오일 산출량을 보여주는 잘 자라는 관목이다. 이 오일은 강한 장뇌향이 난다. 지중해 북쪽 해안 주위의 낮은 고도(특히 스페인)에서 자연적으로 자란다"고 말합니다. 장뇌 성분을 많이 포함하고 있기 때문에, 아로마테라피스트들은 주로 호흡기 질환을 다루는 데 사용합니다.

라반딘	라벤듈라 인터미디아/하이브리디아 (트루 라벤더와 스파이크 라벤더의 교배종)
색	모든 색조의 파란색에서 핑크색, 흰색까지 다양
높이	40cm에서 100cm까지 다양
사용	화장품에 다양하게 사용됨
산출량	1.5에서 2.5%의 에센셜 오일
분포	해발 500m까지
개화기	7월 ~ 8월
주성분	교배종이라는 특성 때문에 에센셜 오일의 구성은 부모가 되는 라벤더보다 훨씬 더 다양하다. 이 교배종은 해발 500m 지역에서 라벤듈라 앙구스티폴리아와 라벤듈라 라티폴리아 사이를 자유롭게 날아다니는 곤충들의 수정에 의해 저절로 생겨났다. 이 지역이 두 종의 분포가 겹치는 지역이기 때문이다. 그리고 바로 그 이유로 재배되는 라벤더에서도 약간의 라반딘이 섞여 있을 수 있다. 더 높은 고도에서는 교배종이 생기지않는다.

데니 브리지스톤은 "이런 류의 교배에서 종종 발생하듯이, 이 교배종은 불임성이지만 부모들보다 더 강하다. 라반딘은 장뇌 성분이 많이 섞인 매우 많은 양의 오일을 제공한다"고 말합니다.

어떻게 에센스의 순수성을 알아낼 수 있을까

불행하게도 그 낮은 가격 때문에, 라반딘은 라벤더 오일에 장난을 치는 데 사용되기도 합니다. 라반딘은 그 자체로는 자연 에센스이고 주요한 차이가 낮은 에스테르 성분이기 때문에, 이러한 조악화는 증명하기가 쉽지 않습니다. 때때로 에스테르 성분을 추가로 넣어주기도 합니다. 그러나 그런 행위는 자연 에센스를 더 변형시키고 왜곡시킬 뿐입니다.

라벤더를 생산할 수 있는 양은 제한되어 있습니다. 예를 들어 영국에서는 자연환경에 의해 제한된 재배지역 때문에 적은 양의 영국산 라벤더 오일만이 생산됩니다. 그 결과 때때로 프랑스산 오일은 '잉글리쉬 오일'로 선전되어 왔고, 반면에 소위 '프렌치 오일'은 실제로 이탈리아나 스페인에서 생산되기도 했습니다.

분광분석이나 색층분석 혹은 키릴리안 포토그래피 같은 대안적인 방법들이 소위 '자연적'이라고 불리는 에센스의 성질을 검증하기 위해 사용되었습니다. 그러나 에센스를 변조시키는 수많은 방법들이 있기 때문에 그것들을 철저하게 잡아내는 것이 항상 쉬운 것은 아닙니다.

에센셜 오일은 가격이 비싼 자연물질이고 대량으로 팔립니다. 그러므로 더 많은 이익을 내기 위해, '사업가적인' 생산자들이 오일을 변조하려는 유혹에 빠질 수도 있습니다. 경쟁이 심한 다른 산업들과 마찬가지로,

향수산업도 항상 완벽하게 정직한 것은 아닙니다.

그 어떤 과학적 분석보다 실제 생산자와의 직접적이고 개인적인 만남과 오랜 시간의 거래를 통한 상호신뢰의 관계가 우리를 사기로부터 잘 보호해 줄 것입니다. 과학적 분석이 아무리 정교화되었을지라도 말입니다. 또한 최근 들어 소비자들은 정보에 더욱 밝아졌습니다. 이것은 완벽하게 순수한 에센스에 대한 아로마테라피스트들의 점증하는 요구와 더불어 사람들의 태도변화에 기여하고 있습니다. 에센셜 오일을 생산하는 나라들은 산지를 명확히 밝히고 품질을 더 강하게 통제하는 것을 통해 평판을 지키기 위해 노력하고 있습니다. 환영할 만한 발전입니다.

물리화학적 분석 그리고 실제 생산자와의 좋은 관계와 더불어, 불순물이 섞인 오일을 사는 것으로부터 우리를 보호해 줄 수 있는 한 가지 방법이 더 있습니다. 바로 향기에 대한 날카로운 감각입니다. 향기에 대한 그러한 훈련된 감각은 수년의 경험을 통해서만 계발시킬 수 있을 것입니다. 그러나 한 번 획득된다면 그것은 절대 우리를 배신하지 않을 것입니다.

3
Magic and Power
Lavender

라벤더는 어디에서 어떻게 재배되는가

프랑스만큼 라벤더와 친밀한 관계를 가진 나라는 없습니다. 세계에서 가장 주요한 라벤더 오일 생산국도 프랑스입니다. 라벤더는 건조한 계곡과 뜨거운 여름을 가진 오트 프로방스의 석회질 점토흙에서 가장 잘 자랍니다. 그러나 라벤더에 대한 수요는 계속 증가해 왔고 오늘날에도 계속 증가하고 있기에 프랑스만으로는 저 수요를 다 만족시킬 수 없었습니다. 수요의 증가에 따라 라벤더는 유럽의 다른 지역들과 세계 곳곳에서 성공적으로 재배되고 있습니다.

프랑스

19세기가 끝나갈 무렵에 향수산업의 황금시대가 동트기 시작했습니다. 프랑스에서만큼이나 다른 나라들에서도 갑작스럽게 라벤더에 대한 수요가 두드러지게 증가했습니다. 그 결과 프랑스의 전통적인 라벤더 자생지역에서 하던 라벤더 채집은, 그저 가끔씩 하는 소규모의 작업에서 모험적이고 조직화된 대규모 상업활동으로 변모했습니다.

> *라벤더는 오트 프로방스의 영혼이다.*
> —장 지오노—

불과 일이십 년 전(1970~80년대)만 하더라도 극심한 이농현상이 프랑스 씨알프스의 인구를 텅텅 비게 만들었습니다. 석회질의 점토흙, 극심하게 추운 겨울, 그리고 거의 비가 내리지 않는 뜨거운 여름은 빠른 속도로 농업을 보상도 보람도 없는 노동으로 만들었습니다. 산업혁명은 처음에는 남자들을 그리고 이후에는 가족 전체를 북쪽의 도시들로 끌어들였습니다. 수 세기 동안 경작이 가능했던 땅은 이제 버려졌고, 오직 강인하고 아무 데서나 잘 자라는 식물들만이 이 버려진 땅에서 살아남을 수 있었습니다. 그들 중 으뜸가는 것이 라벤더(해발 600m이상)와 라반딘(해발 500m~600m)이었습니다. 여성과 아이들 그리고 목동들이 이 야생 라벤더를 채취해서, 점점 늘어나고 있는 그라스 지역의 향수사업자들에게 팔았습니다. 그라스의 향수사업자들은 일어나고 있는 변화에 보조를 맞추기 위해 노력하고 있었습니다. 유럽 도시들의 인구증가와 시대의 유행이 점점 더 향료에 대한 수요를 증가시키고 있었습니다. 이러한 발전은 새로운 경제적 독립을 가져오면서 그 지역의 라벤더 채집꾼들과 소규모 증류업자들에게도 축복이 되었습니다. 드디어 그들은 수요가 많고 게다가 어떤 과일이나 곡물보다 더 지속가능한 작물을 발견하게 되었던 것입니다. 몽방투와 베르동 골짜기 사이에서 살던, 마치 전통인 양 늘 가난했던 사람들의 많은 것들이 변해갔습니다.

1920년에는 100톤의 라벤더가 증류되었습니다(90%는 트루 라벤더고 10%는 스파이크 라벤더였습니다). 그러나 야생 라벤더가 주를 이루었던 날들은 가버렸습니다. 재배되는 다른 작물들과 마찬가지로 라반딘은 농장에서 체계적으로 점점 더 많이 재배되었습니다. 눈에 띄도록 놀라운 증가는 1924년 1톤의 라반딘 증류액이 생산되면서부터였습니다. 연 생산량은 최대 1,000톤에 달했고 최근에서야 감소하기 시작했습니다.

라반딘은 대량으로 재배되었습니다. 라반딘은 높은 산출량 덕분에 라벤더 오일에 대한 점증하는 수요를 만족시키기가 더 쉬웠고 또 꺾꽂이로 번식하는 복제된 라벤더이기에 더 빨리 번식시킬 수 있었기 때문입니다. 게다가 라반딘은 트루 라벤더보다 훨씬 싼값에 생산할 수 있었기에 대량으로 생산되는 향기로운 비누, 화장수, 향수 등의 대중적인 수요에 부응할 수 있었습니다. 이를 통해 라벤더는 오늘날 몇몇의 선택받은 상류계급만이 아니라 거의 모든 사람들이 사용할 수 있게 되었습니다.

프랑스에서 라반딘은 오늘날에도 여전히 다른 어떤 라벤더보다 더 대량의 농토를 뒤덮고 있습니다. 1930년대에 시작된 급격한 인기의 증가 이래로 다양한 변형 종들이 실험되었습니다. 몇몇만 언급하자면 라반딘 아브리알리스, 라반딘 슈퍼, '마이엣트', '그로소'가 있습니다(마지막 두

개는 재배자의 이름을 따서 만들어진 것입니다). 이 선택 과정의 전반적인 목표는 저항력, 수명, 산출량의 극대화, 그리고 가끔은 더 진한 색의 꽃에 대한 요구였습니다. 그러나 이렇게 선택된 라반딘은 결국 꺾꽂이를 통해 번식하기 때문에 생산자는 같은 원천에서 나온 똑같은 라반딘만을 생산해낼 수 있을 뿐입니다.

이런 측면에서 보면 진짜 야생에서 자란 라벤더는 그와 딱 반대의 성격을 가지고 있습니다. 모든 개체가 독특하고, 각자 개별적인 자기만의 성격을 갖습니다. 그렇게 독특하기에 라벤더의 꽃은 매우 다양한 색조를 가지며, 구성요소의 측면에서 완전히 다른 다양한 라벤더 오일을 만들어내기도 합니다. 그렇기에 야생 라벤더는 실험의 산물이나 클론은 가지고 있지 않은 '개성'을 가지고 있다고 말할 수 있습니다.

최근 들어 시장의 힘은 프랑스 라벤더 산업의 이해관계를 다시 변화시키고 있고, 이제는 반대방향을 향하고 있는 것으로 보입니다. 트루 라벤더에 대한 요구가 증가하고 있고, 라반딘에 대한 수요는 감소하고 있습니다. 생산자들은 이 변화에 순응하여 다양한 지역과 고도에서 나온 새로운 종들을 실험적으로 시도해보고 있으며, 특별한 이름을 붙임으로써 그 종들을 보호하고 있습니다(프랑스 와인산업 그리고 그들의 원산지 표시정책과 상당히 유사합니다). 오일의 질과 순수성을 검사하기 위해 독립적인 조사 요원이 활동하고, 구매자들에게 오일의 정확한 원천에 대한 정보를 주는 증명서를 발급합니다. 엄격하게 유기농으로 기른 종들도 있습니다. 유기농 라벤더는 예외 없이 야생에서 채취되거나 높은 고도에 위치한 소규모 농장에서 재배됩니다.

그러나 객관적인 역사와 사실들만으로는 전체적인 그림을 그릴 수 없습니다. 오트 프로방스에서 라벤더가 가지는 의미를 정말로 이해하기 위해서는 그곳에 실제 살던 사람의 라벤더에 대한 진실한 경험을 들어봐야 합니다.

"나는 여름 내내 등에 가방을 메고 남프랑스를 돌아다녔다. 서프로방스의 높은 고원을 걸어서 넘었고, 마치 정오의 새하얀 태양처럼 빛나는 부서지기 쉬운 석회질의 사슴길을 따라 걸었다. 한 발 한 발, 하루 하루, 언제나 발 아래에는 보라색 꽃의 바다가 땅을 가득 채우며 지평선에 맞닿아 있었고, 머리 위는 푸른 하늘이 뒤덮고 있었다. 벌들은 윙윙거리면서 새벽부터 해질녘까지 부지런히 제 할 일을 하고 있었다. 난쟁이 같은 라벤더들은 나에게, 묘하게도, 바다의 성게를 떠

올리게 만들었다. 그러나 그 향기는 처음에는 나의 코를 채우고, 나중에는 고요함과 평화, 활기찬 자신감으로 나의 마음을 채우고 있었다… 이 모든 것, 이 모든 기억들이 지금 조그만 병 하나에 담겨 있다… 내 책상 위의 라벤더 오일에."

—장 지오노—

영국

1800년대에 영국 서리주의 미첨은 '미첨 라벤더'로 국제적인 명성을 얻은 영국의 주요 라벤더 생산지였습니다. 그러나 미첨과 그 주변 구역은 곧 한가한 분위기의 삶을 원하던 런던 사업가들을 매혹시켰고, 점차로 오늘날 '고급주택지'라고 불리는 곳의 일부가 되었습니다. 땅 소유주들이 라벤더를 기르는 것보다 '집을 기르는 것'이 더 이익이 된다는 것을 알아챘을 때 미첨에서의 라벤더 생산은 멈추었습니다.

라벤더는 하트퍼드셔주 런던 북부의 도시인 히친의 랜섬가에 의해서도 상업적으로 재배되었습니다. '윌리엄 랜섬'으로 알려진 이 사업체는 오늘날에도 존재하는데, 1846년 향수와 화장품을 파는 가게들에 라벤더 오일을 공급하면서 시작되었습니다. 오늘날 이 사업체는 좀 더 북쪽인 케임브리지셔로 이동했고, 그곳의 허브농장에서는 의료용 허브와 더불어 수 에이커의 라벤더를 기르고 있습니다. 그 회사는 지금도 최초 설립자의 증손자인 랜섬의 이름을 임금명세서에 적고 있습니다. 이 농장은 사업체이며 아무 때나 방문자를 허용하고 있지는 않습니다.

노퍽 라벤더

노퍽 라벤더는, 그것이 비록 기술적으로는 영국에 속하지만, 별도의 장으로 다룰 만하다고 생각합니다.

노퍽 라벤더는 1930년대에 한 남자의 꿈으로부터 시작되었습니다. 린네우스 칠버스는 미첨에서 라벤더 산업의 몰락을 목격하면서 영국 라벤더 산업의 부활을 계획했습니다. 라벤더는 햇빛과 배수가 잘 되는 알칼리성 토양을 좋아하는 강인한 식물이기에, 그는 상대적으로 평균 강수량이 적은 노퍽 북부가 라벤더 생육에 이상적인 곳이라고 생각했습니다. 계획의 성공을 위해 수많은 다양한 종의 라벤더를 실험해 볼 필요가 있었고, 양질의 오일을 충분히 생산하는 것만큼이나 병에 대한 저항력이 강한 종을 찾아야 했기에 수년의 시간이 필요했습니다. 라벤더 농장을 개발하는 것은 길고 복잡한 사업입니다. 이 어려움이 어떤 것인지 좀 더 보여주기 위해 『노퍽 라벤더 이야기』라는 소책자를 인용해 보겠습니다.

"씨앗으로부터 새로운 교잡종을 만들어낼 때, 우선 개별 관목 하나를 선택하고, 오직 그 관목의 꽃들로부터만 증류를 통해 오일을 얻어내야 한다. 그런 후에 조향노트를 작성하고, 화학적 구성을 알아내고 산출량을 확인하기 위해 실험을 해야 한다. 이제 그 모든 것이 만족스럽다면, 같은 해의 10월에 꺾꽂이를 진행한다. 이 꺾꽂이는 약 5년 후에 있을 양적 평가를 하기에 충분한 수량으로 진행한다. 만약 이것도 성공적이라면, 꺾꽂이는 다시 농장에 심을 만큼의 규모로 진행된다. 만약 그 후 최소 5년 이상의 기간 동안 농장이 풍작을 이루지 못한다면, 처음 괜찮은 라벤더를 고르는 것에서부터 시작해서 1에이커(약 4,000제곱미터) 정도의 라벤더나 그 정도의 오일을 수확하는 데까지는 10년 이상이 걸릴 수밖에 없다."

1932년 린네우스 칠버스가 프란시스 더스게이트와 동업을 맺어 6에이커의 땅에 33,000개의 모종을 심은 것이 노퍽 라벤더의 기원이 됩니다. 현재의 라벤더 농장은 거의 100여 개의 교잡종으로부터 선택된 6개의 종으로 구성되어 있습니다.

처음에는 농장에 증류소가 없었고 수확된 라벤더는 증류를 위해 멀리 보내졌습니다. 그러나 노퍽 라벤더의 높은 질이 야들리 향수회사의 주의를 끌게 되었고, 1936년에 프랑스로부터 두 대의 구리 증류기를 수입해 올 수 있었습니다. 노퍽 라벤더의 성공으로 더 많은 땅이 필요하게 되었고, 이후에 여왕 엘리자베스 2세의 사유지 중의 하나인 샌드링엄 이스테이트에 있는 50에이커의 토지가 노퍽 라벤더를 기르는 데 이용되었습니다.

원래 노퍽의 라벤더는 조그만 낫을 사용하여 손으로 수확했습니다. 여자들은 잘린 라벤더를 통에 담아서 여자 감독관에게 넘겨주었습니다. 한가득 찬 통마다 교환권이 주어졌고, 일과가 끝났을 때 이 교환권을 돈으로 바꾸었습니다.

손으로 수확하는 것이 더 이상 경제성이 없어지자 농장을 재정비해야 했고 그렇게 수확용 기계가 사용될 수 있었습니다. 1955년에 고랑을 따라 라벤더가 이식되었습니다. 각 고랑 사이는 6피트(약 1.8m)였고 그에 맞게 수확용 기계가 설계되었습니다. 라벤더의 수확과 가지치기가 동시에 이루어지고, 콘베이어벨트가 잘린 라벤더를 부대에 옮겨넣습니다. 이 부대들을 묶어서 수거를 위해 쌓아 놓았다가 함께 실어서 칼리 밀로 옮긴 다음 그곳에서 라벤더를 내린 후 증류를 진행합니다.

7~8월에 칼리 밀을 방문하는 운 좋은 사람들은 그 전체 과정을 볼 수 있습니다. 라벤더 부대를 내리고, 증류기에 넣어 밟아서 집어넣고, 마지막으로 차가운 증기가 끊임없이 분사되는 중에 '플로렌틴'에서 물과 에센셜 오일이 생기는 것까지 말입니다. 공기는 라벤더의 향기로 가득 차

고, 당신은 곧이어 과거의 시간으로 전송되어 삶에 대한 색다른 속도감을 느낄 수 있게 될 것입니다.

저지 라벤더 농장

데이비드 크리스티의 조부모는 1919년 저지에서 약간의 땅을 샀습니다. 그곳은 메마른 모래언덕으로 뭔가를 기를 만한 곳이 아니었습니다. 그러나 여러 해가 지나면서 몇 그루의 나무가 심어졌고 집이 세워졌습니다. 다음 세대는 땅을 나누어 가졌고 데이비드와 엘리자베스 크리스티는 10~12에이커의 모래언덕을 상속받았습니다. 그러나 그곳에 도대체 무엇을 길러야 할지 알 수가 없었고, 그래서 그들은 당근과 아스파라거스를 생각하고 있었습니다.

당시 데이비드는 윈체스터의 학교 선생님이었습니다. 그는 연구 중에 노퍽 라벤더에 대한 글을 읽을 기회가 있었습니다. 그는 그때 할머니의 라벤더 울타리가 수년 동안 완벽하게 잘 자랐다는 것을 떠올리고는 라벤더를 키우는 것의 가능성을 생각해 보았습니다. 데이비드는 25,000개의 묘목을 사서, 첫해인 1983년에는 농장의 2/3의 밭에 심고, 다음해인 1984년에는 나머지 땅에 모두 심었습니다. 6월 중순부터 8월 중순까지 계속 수확하기 위해 3종의 라벤더가 선택되었습니다. 6.5에이커의 농장에서는 여전히 라벤더가 계속 생산되고 있고, 160종의 인상적인 허브들이 농장에서 함께 자라고 있습니다. 수확은 손으로 이루어집니다. 잘린 라벤더는 통에 담겨서 증류기로 옮겨집니다. 그곳에서는 그날그날 증류가 진행됩니다. 이것은 조그만 가족사업이고 방문자들은 환영받습니다. 수확물의 90%는 증류되고, 나머지 10%는 허브 샤셰를 위해 건조됩니다.

라벤더를 심은 지 3년 후부터 이 농장은 방문자들에게 문을 활짝 열었습니다. 그리고 지금 7년이 더 흐른 후 라벤더의 수확은 이전보다 많아졌습니다. 방문자들은 증가하고 있고, 수 에이커의 황량한 모래언덕은 건강하고 그럴듯한 사업으로 변화했습니다. 이런 놀라운 변화는 불리한 환경에서 피어난 라벤더의 끈질긴 생명력에 비견할 만한 것은 상상을 현실로 만드는 인간의 결심이라는 것을 증명하고 있습니다.

일본

라벤더는 홋카이도에서도 자랍니다. 홋카이도는 일본을 구성하는 네 개의 주요 섬 중에서 가장 북쪽에 위치합니다. 땅은 대부분 모래흙으로 이루어져 있고, 기후는 북위 42~45도로 남 프랑스의 해안 쪽 알프스와 유사합니다.

홋카이도에서 라벤더는 그 아름답고 짙은 보라색 꽃을 이용하기 위해 재배됩니다. 같은 길이로 줄기를 잘라 인공적인 가열 없이 자연스럽게 건조시킵니다. 조그맣게 한 다발씩 만들어서 줄기를 묶고 팽팽한 수평의 줄에 매답니다. 이런 방식으로 촘촘히 매달린 라벤더 가지들이 보랏빛의 천장을 만들어내고 꽃들은 완벽한 조건에서 보존됩니다. 이곳에서 라벤더는 에센셜 오일이 아니라 그 꽃을 이용하기 위해 길러집니다.

태즈메이니아

1920년대 초반에 데니 부부는 등에는 프랑스 알프스산 라벤더 씨를 담은 가방을 메고, 가슴에는 희망을 품은 채로 영국을 떠나 태즈메이니아에서 트루 라벤더(라벤듈라 앙구스티폴리아)를 키우는 새로운 삶을 열어가게 됩니다. 1924년 여름 북 릴리데일의 1/4에이커의 농장에서 증류하기에 충분한 꽃을 길러냈습니다. 증류가 완료되자 오일은 전문가의 감정을 위해 런던으로 보내졌고, 장뇌 성분이 전혀 없다는 것을 인정받을 수 있었습니다.

이후 몇십 년 동안 점점 더 많은 땅에 라벤듈라 앙구스티폴리아를 심었고, 1930년에 증류소도 세웠습니다. 1935년에는 라벤더 오일의 첫 수출이 이루어졌습니다. 우여곡절 속에서도 라벤더 농장은 점점 커졌고, 1946년에는 두 아들이 아버지와 함께 사업 확장에 착수했습니다. 1948년에는 땅을 더 넓혀 태즈메이니아의 나보울라 인근까지 라벤더 모종을 심었습니다. 그 후 1949년, 최고의 질을 낼 만한 유전자형을 찾아내기 위해 작물선택 계획이 시작되었습니다. 같은 부모로부터 나온 형제자매라고 할지라도 생긴 것이 서로 다르듯이, 라벤더도 같은 부모의 씨에서 나왔을지라도 서로 다릅니다. 자연적 생명력이 강하고, 양질의 오일을 생산하며, 오랫동안 높은 산출량을 보이는 라벤더가 선택되었습니다. 수백의 유전자형이 11년 넘게 검사되었고, 때로 이러한 시험형이 거의 100에이커를 뒤덮기도 했습니다. 이러한 실험의 결과로 13개의 혈통이 선택되었고, 이들은 원래 얻길 원했던 좋은 특성들을 모두 가지고 있었습니다.

이것들이 태즈메이니아 라벤더 산업의 1세대 부모가 되는 품종들입니다. 이 혈통의 모종으로 대농장을 다시 채우는 데는 수년의 시간이 걸렸습니다. 데니 가족은 여기서 또 일찍 피는 꽃과 중간에 피는 꽃, 늦게 피는 꽃을 선택했는데, 이러한 조치는 라벤더를 한 달 내내 수확할 수 있도록 해주었습니다. 비록 이 실험 계획이 느리고 지루해 보일지라도, 그 결과는 놀라워서 다른 일반 대농장 오일 산출량의 3배를 생산할 수 있었습니다. 이 선택받은 농장은 헥타르(1헥타르는 2.471에이커)당 20kg이 아니라 60kg의 라벤더를 생산해낼 수 있었던 것입니다.

브라이즈토우 대농장은 겉보기에는 지난 60년 이상 동안 훌륭하게 발전해 온 것으로 보이지만, 아직 탐구해야 하는 두 가지 중요한 영역이 있습니다. 하나는 땅속의 오래된 나무뿌리를 통해 전해질 수 있는 균류의 통제이고, 다른 하나는 날씨에 의한 대규모 피해입니다. 이 작물은 꽃망울이 나온 후에 발생하는 서리피해에 여전히 취약합니다.

라벤더는 뿌리가 깊은 식물이고 아주 건조한 날씨에도 살아남을 수 있지만, 때때로 가뭄은 생산량에 개입하기도 합니다. 그러나 그 피해는 전체 생산량의 12% 이상을 넘지 않고, 150에이커가 넘는 땅에 물을 대는 것은 경제적으로도 할 만한 일이 아니기에 그저 견디는 것 외에 다른 방법은 없습니다.

손으로 해왔던 수확은 기계화가 필요해졌습니다. 이 회사에서 발전시켜 온 현재의 수확기계는 증류를 위해 한 시간에 2.5톤의 꽃을 자르고 포장할 수 있습니다. 저 정도의 수확속도를 맞추기 위해서는 사람으로 치면 90명 이상이 필요할 것입니다. 오스트레일리아 라벤더의 15%만이 자국에서 팔리고 나머지는 미국과 유럽으로 수출됩니다.

세계 곳곳의 라벤더

라벤더의 국제적인 현황에 대해 글을 쓰면서 나는 지도에 위치를 표시해보았고, 이윽고 지도에 나타난 세계적인 규모의 패턴을 보고 놀라게 되었습니다.

북위 40~45도의 라벤더 농장이 일본의 홋카이도에 있습니다. 같은 위도에 프랑스 해안 쪽 알프스가 있습니다. 그리고 우리가 남위 40~45도를 본다면 태즈메이니아를 찾을 수 있습니다.

이러한 분포는 같은 위도에 있는 북미의 거대한 땅에서도 라벤더를 기를 수 있다는 것을 의미하는 것일까요? 라벤더가 한때 워싱턴주와 캘리포니아에서 길러졌던 것을 생각해 볼 때 나는 이것이 가능한 일이라고 생각합니다.

만약 우리가 지구본을 가지고 북위 40~45도를 따라 라벤더 색의 선을 그린다면, 우리는 라벤더 오일을 생산하는 러시아의 남쪽 지역과 크림반도를 만날 수 있고, 티하니에서 라벤더 오일을 생산하는 헝가리와, 해안 쪽 알프스에서 라벤더를 기르는 북 이탈리아와 남 프랑스, 그리고 한때 라벤더를 재배했던 북미의 워싱턴과 캘리포니아를 만나게 됩니다.

상상 속의 라벤더 라인을 실제로 존재하는 것으로 생각한다면, 우리는 동부 해안의 보스턴으로부터 서쪽 해안의 북 캘리포니아까지 길게 늘어선 라벤더 농장의 연속선을 찾을 수 있을 것입니다. 남위 40~45도 영역에서는 오스트레일리아와 남미를 빼고는 육지가 거의 없습니다. 그러나 우리는 뉴질랜드의 쿡 해협 양편에서 자라는 라벤더를 기대해 볼 수 있습니다. 그리고 남미에서 그 라벤더 라인은 아르헨티나를 가로지를 것인데, 한때 멘도자의 고지에서부터 부에노스아이레스를 거쳐 남쪽 해안의 끝까지 라벤더가 길러졌습니다. 저지 라벤더는 북위 50도 근처로 살짝 더 북쪽이고, 노퍽 라벤더는 52도 정도로 가장 북쪽에 위치합니다.

나는 라벤더가 아직 세계적으로 충분히 재배되고 있지 못하다고 생각합니다. 라벤더의 다양한 효능과 사용상의 안정성 그리고 다른 식물들이 거의 자랄 수 없는 곳에서도 잘 자라는 라벤더의 능력을 생각한다면 말입니다. 이러한 요소들은 라벤더가 앞으로 인류를 이롭게 할 완벽한 작물들 중 하나가 될 수 있다는 것을 보여줍니다. 이 다양한 색깔의 세상 속 우리에게는 더 많은 라벤더가 필요합니다.

4
Magic and Power
Lavender

라벤더: 사실과 수치들

이 장에서는 라벤더의 화학적 성분을 분석해보려고 합니다. 나는 그동안 아로마테라피의 이런 측면이 지루하고 흥미롭지도 않은 것이라고 생각해서 피해왔습니다. 그러나 에센셜 오일과의 관계가 깊어질수록 나는 라벤더의 성분들이 실제로 어떻게 작동하는지 이해하고 싶어졌습니다. 그리고 라벤더의 복잡한 화학적 구조를 더 많이 이해해 갈수록 나는 그 식물과 오일, 그리고 라벤더 왕국의 창조자에게 더욱더 경의의 마음을 가지게 되었습니다.

당신은 딱 하나의 향이 나는 한 개의 분자를 창조하는 것을 상상해 볼 수 있겠습니까? 탄소원자, 수소원자, 산소원자로 이루어지고, 이들 모두가 합쳐져 우리가 향기를 맡을 수 있게 해주며, 그것을 화학적으로 발견해서 결국 그것에 '리날릴 아세테이트'라는 이름을 붙일 수 있게 만드는 그것 말입니다. 만약 그렇다면 당신은 또 위의 과정을 반복하는 것을 통해, 그러나 이번에는 원자의 배열을 살짝 바꾸어서 약간 다른 향기가 나게 만들고, 거기에 '리날룰'이라는 또 다른 이름을 짓는 것을 상상해 볼 수 있겠습니까? 그 후 계속해서 향기 나는 분자들을 더욱더 발명해내고 새롭게 배열해서 또 다른 향기와 모양을 갖게 되는 것을 생각해 보십시오. 마지막으로 아로마를 만들기 위해 그것들을 함께 섞어 우리가 '라벤더'라고 알고 있는 물질을 만든다고 상상해보십시오. 이 얼마나 놀라운 향수제조자인가요! 얼마나 놀라운 과학자인가요! 그리고 다시 이 아름다운 향수에 그렇게 많은 치료적 능력이 있다고 생각해보십시오. 이 얼마나 놀라운 의사인가요! 얼마나 대단한 치료사인가요!

수 세기 동안 사람들은 이런 매혹적이고 복잡한 식물들에 강한 흥미를 가져왔습니다. 그러나 19세기에 들어선 후에야 사람들은 마침내 그것을 세부까지 분석하기 시작했습니다. 1818년에 테르펜을 포함한 탄화수소가 5개의 탄소와 8개의 수소원자의 일정한 구조로 구성되어 있다는 것이 발견되었습니다. 1925년에 불레가 쿠마린을 발견했습니다. 현대에 이르러 과학자들과 기술자들은 매우 정교화된 분석기계를 발전시켜왔기에 이제 우리는 오일의 구성을 실제로 보고 그 화학적 내역을 알 수도 있게 되었습니다.

에센셜 오일의 과학적 연구에 관한 많은 책들이 출판되었고 많은 논문들이 쓰였습니다. 영어권에 한정해서 봤을 때 이 분야에서 가장 주목할 만한 저자는 에른스트 귄터입니다. 그의 저작 『에센셜 오일』은 1952년에 전체 16권으로 출판되었습니다. 독일에서는 에두아르트 길데마이스터가 비슷한 성취를 이루었습니다. 그의 『에센셜 오일』은 원래 1899년에 출간되었고, 1920년대 그리고 1956년에 증간되었습니다. 그때 이래로 분석적 연구에서의 기술적 진보로 더 많은 구성요소들이 알려졌습니다. 가장 최근의 발견은 브라이언 로렌스 박사의 것입니다. 여기에 라벤더 오일에 대한 그의 분석을 요약해 보겠습니다.

*"거의 절반 정도의 구성물이 에스테르이다_
리날릴 아세테이트, 라반두릴 아세테이트, 제라닐 아세테이트, 테르세닐 아세테이트, 헥세닐 아세테이트.*

*다음으로 많은 화학적 그룹이 테르펜 알코올이다_
리날룰, 테르피넨 4 올, 알파 테르피네올, 보르네올, 제라니올.*

*그리고 더 적은 양으로, 테르펜이 있다_
피넨, 마요렌, 카렌, 리모넨, 오시멘.*

*그리고 알데하이드가 있다_
벤즈알데하이드, 헥산알, 시트랄, 쿠민알데하이드.*

마지막으로 케톤이 있다_ 메틸헵톤, 캠퍼."

그러나 계속 말해왔듯이, 유일한 '옳은 라벤더 에센스'라는 것은 없습니다. 그 구성요소의 비율에 영향을 미치는 여러 요인에는 품종, 생육장소, 날씨, 수확시기, 증류 방법의 종류와, 증류시간 등이 있습니다. 얼마나 다양한 높은 질의 에센스가 있는지는 증기증류로 얻어진 프렌치 라벤더 오일과 프렌치 라벤더 꽃 오일의 화학적 구성비의 변위를 나타내는 아래의 차트가 보여줄 것입니다.

	라벤더 오일	라벤더 꽃 오일
리나릴 아세테이트 (리나리 부티레이트)	30~35%	35~50%
제란리 아세테이트	35~50%	35~50%
리나룰 (제라노일, 네롤)	0.5~0.8%	3.5%
쿠마린	0%	5%
움벨리페론 메틸 에테르	6%	5%
테르펜 (피넨) 시네올	미량	미량
에틸아밀케톤	미량	미량
카프로익 에시트 제란리 카프로네이트	미량	미량
보르닐 아세테이트 (아세틱 에시드)		

폴 젤리넥: 향료의 심리학적 기초, 하이델베르크, 1965

라벤더가 가진 치료적 힘의 과학적 근거

아로마테라피는 무로부터 나온 것도 아니고 그 역사는 수 세기에 이릅니다. 그러나 이 식물과 에센스에 대한 과학적 분석은 19세기 후반에서야 비로소 시작되었습니다. 최근에 들어서는 점점 더 많은 연구가 진행되는 추세입니다. 그러나 우리는 여전히 절대적 확실성을 가지고 어떻게 에센셜 오일이 치료의 효과를 갖는지 알지는 못합니다. 물론 우리는 그 과정에 대해 이전에 알던 것보다는 더 많이 알고 있습니다. 여기서 우리는 지금까지 과학이 우리에게 드러내준 라벤더 오일의 작동원리에 대한 약간의 통찰을 여러분과 나누고 싶습니다.

로이 젠더스는 그의 책 『향기의 역사』에서 다음과 같이 썼습니다. "19세기 파스퇴르 연구소의 오멜트쉔키 박사는 장티푸스균이 시나몬 오일을 기화시킨 공기 속에서 45분 내에 파괴되고, 결핵균은 기화된 라벤더 오일에 노출되면 12시간 내에 파괴된다는 것을 증명했다."

19세기 중반 즈음에 꽃을 재배하는 남프랑스 지역의 사람들은 거의 결핵에 걸리지 않지만, 그 외 지역의 프랑스에서는 결핵이 만연해 있다는 것이 알려졌습니다. 더 깊이 있는 연구는 귀족들뿐만 아니라 그곳의 노동자들 또한 여러 다른 호흡기 질환으로부터 자유롭다는 것을 밝혀냈고, 1887년에는 식물의 에센셜 오일이 건강에 좋다는 가설이 처음으로 공식적인 실험실에서 테스트되어 에센셜 오일에 항균성이 있다는 것이 증명되었습니다.

그 후 몇 년간 많은 에센셜 오일들이 여러 미생물들에 실험되었고, 라벤더는 황열병과 싸우는 데 가장 효과적인 에센스 중 하나라는 것이 밝혀졌습니다. 그러나 그러한 발견들이 에센셜 오일의 성공을 가져오지는 않았습니다. 사가린은 "굉장히 이상하게도 에센셜 오일에 대한 실험이 더 많이 진행될수록 오일은 오히려 덜 알려졌고 의사들은 더 적게 사용하였다"고 결론을 맺고 있습니다.

그때 이래로 에센셜 오일의 치료적 능력을 증명하기 위해 실험실 연구와 의료적 처방 양 방면에서 많은 테스트와 연구가 진행되었습니다. 1959년 에길 램스타드는 그의 책『생약학』에서 "일반적으로 에센셜 오일은 소독과 살균의 특성이 있다. 그것들은 고대 이래로 보존제로 사용되었고, 또한 오늘날에도 살균제와 항곰팡이제로 사용된다"고 언급하고 있습니다. 그는 고기스프에 박테리아가 발생하는 것을 막는 데 필요한 오일의 양을 기록한 표를 심혈을 기울여 만들어냈고, 그 기록에서 그는 1리터의 고기스프에 박테리아가 발생하는 것을 막는 데 필요한 라벤더의 양이 3~4밀리리터라고 적고 있습니다.

밀란 대학의 파올로 로베스티 박사는 수년 동안 에센셜 오일의 치료적 사용법을 연구해왔고 그의 발견에 대한 수많은 책을 썼습니다. 그는 좋은 향기가 나는 에센셜 오일은 신경의 긴장으로 고통받는 사람들에게 사용하기 쉬우면서도 더 효과적이라고 지적하고 있습니다. 라벤더는 불안을 가라앉히는 가장 유용한 에센스 중의 하나로 꼽힙니다. "신경성 질병에 대한 다양한 클리닉에서 히스테리와 우울증을 겪고 있는 환자들에게 매우 결정적인 실험들이 수행되었다."

워윅 대학에서 수행한 최근의 연구는 로베스티의 주장을 뒷받침해줍니다. 상당히 정교한 뇌 스캔 컴퓨터를 사용하여, 스티브 반 톨러는 "뇌는 불쾌한 것으로 인식되는 향기를 간단히 거부해버린다"고 결론을 내립니다. 그러므로 기분 좋은 것으로 인식된 향기가 더 많은 치료적 변화를 가져올 것이라는 주장은 논리적인 것으로 보입니다. 왜냐하면 뇌가 그것들을 받아들여 향기가 대뇌변연계에 닿도록 허용할 것이기 때문입니다. 대뇌변연계는 정서에 관계되는 뉴런을 포함하는 대뇌반구의 내측경계를 말합니다. 극단적인 공포나 분노의 상태에서는 대뇌변연계가 뇌의 다른 부분들의 활동에 영향을 미칠 가능성이 충분해집니다.

일본 토호 대학의 토리 교수는 에센셜 오일과 관련된 실험을 수행했는데, 그것은 뇌의 활동에 미치는 향기의 심리적 효과를 객관적으로 측정하기 위한 것이었습니다. 실험을 위해 선택된 향기는 진정효과 혹은 생기를 띠게 해주는 효과가 있다고 알려진 자스민와 라벤더 같은 것들이었습니다.

여기에 그의 발견을 간략하게 요약하면 다음과 같습니다. "인간의 뇌에는 '불확정 음전위 편차'라고 불리는 전기적 현상이 있다. 이것은 두피에 연결된 전극에 의해 기록된 뇌파의 위쪽으로의 변동인데, 이것은 실험대상이 뭔가가 생길 것을 기대할 때 발생한다. 예를 들어 실험대상이 빛 자극에 잇따라 소리 자극에 노출될 때와 같은 것이다. 실험에서 피실험자는 빛이 나타나면 가능한 빨리 그것을 끄도록 요구된다. 두 자극 사이의 간격(기대하는 기간)에서 실험대상의 뇌전도(EEG)에 위쪽으로의 느린 변동이 나타난다. 뇌전도에서의 이러한 변동이 '불확정 음전위 편차'라고 불린다… 연구에서 우리는 '불확정 음전위 변차'가 향기의 진정시키고 생기를 주는 효과를 관찰하는 데 객관적으로 사용될 수 있는지를 탐구했다. 우리의 실험은, 생기를 가져다주는 효과가 있다고 알려진 자스민 향기는 '불확정 음전위 편차'의 진폭을 증가시키고, 반면에 진정 효과가 있다고 알려진 라벤더의 향기는 실험대상의 '불확정 음전위 편차'를 감소시킨다는 것을 보여주었다… 우리는 자스민은 생기를 주고 라벤더는 이완시켜준다는 오래된 속담이 진실이라는 것을 과학적으로 증명할 수 있었다."

5
Magic and Power
Lavender

현대
아로마테라피에서의
라벤더

우리는 이미 르네-마우리스 가테포세가 1928년에 "아로마테라피"라는 말을 만들어 냈고, 놀라운 개인적인 경험에 영감을 받아 그의 나머지 삶의 전부를 에센셜 오일의 연구에 바쳤다는 사실을 언급했습니다. 그의 많은 학생들 중에, 특히 장 발레와 마가렛 모리는 그들 자신만의 선구적인 연구로 언급될 만합니다. 그러나 셀 수 없이 많은 여러 사람들이 아로마테라피의 발전에 기여했고 최근에 와서야 정당한 주목을 받고 있습니다.

에센스는 세계 곳곳에서 과학적으로 검증되고 있고, 전통적으로 에센스에 부여되었던 특별한 효능들이 충분한 근거가 있고 많은 부분에서 진리에 가깝다는 것이 증명되고 있습니다. 이것에는 아무 문제도 없습니다. 결국 사실과 수치들이 아로마테라피의 예방의학적 특성과 부드러운 힐링의 가치를 우리에게 확신시켜 줄 것이기 때문입니다.

아로마테라피스트들의 라벤더 오일 사용법

라벤더 오일은 가장 명성 있는 에센스 중 하나입니다. 그리고 또한 가장 널리 사용되기도 합니다. 에센셜 오일은 고도로 농축된 식물성 물질이기에 아로마테라피는 일종의 고농축 식물요법으로 간주될 수 있습니다.

앞의 표에서 볼 수 있는 것처럼 라벤더 오일의 화학적 구성은 오늘날에 와서는 잘 알려져 있습니다. 그래서 우리는 그것들을 합성하여 만들어낼 수도 있는 위치에까지 와 있습니다. 그러나 그러한 합성은 여전히 실패할 가능성이 큽니다. 우리가 실제로 라벤더의 구성성분들을 복제할 수 있고, 그 일부를 만들어낼 수는 있을지라도 라벤더 전체를 만들어낼 수는 없습니다. 우리의 인공적인 합성물은 본래의 자연오일이 하는 것과

같은 방식으로 작용하지는 않기 때문입니다. 합성 오일은 실제로는 해로울 가능성이 큽니다. 우리는 이것을 발네 박사가 아로마테라피에 대한 그의 책에서 묘사한 역사적 사례를 통해 확인해 볼 수 있습니다. 그는 치루로 고통 받는 환자들에게 순수 라벤더 오일을 처방하기 시작했고 조그맣지만 뚜렷한 성과가 나타나고 있었습니다. 그때 그의 환자 중 하나가 여행을 떠나야 했습니다. 운이 나쁘게도 그 환자는 처방된 자신의 라벤더 오일을 가져가는 것을 잊어버렸고, 대신 지역의 약국에서 파는 다른 라벤더 오일을 사용해야 했습니다. 그것은 엄청난 참사가 되었습니다. 치루에 염증이 생겼고, 엄청난 통증으로 고통받았으며, 2주 내내 앉을 수조차 없었습니다. 그가 지역에서 샀던 그 '라벤더 오일'은 100% 순수한 자연오일이 아니었기에 그 끔찍한 결과를 견뎌야만 했던 것입니다. 이 일화는 우리에게 양질의 라벤더 오일을 사용해야 한다는 것을 보여주는 교훈적인 사례입니다. 개인적 사용이든 전문적인 사용이든 말입니다. 자연 에센스의 생명력과 치료적 힘은 아직까지 자연의 특권으로 남아 있습니다. 그것은 합성하여 복제할 수 있는 것이 아닙니다.

로버트 티설랜드는 라벤더를 모든 에센셜 오일 중에 가장 유용하면서도 가장 다양한 목적으로 사용할 수 있는 오일로 묘사하고 있습니다. 라벤더는 건강한 새살이 돋도록 자극하고 상처 입은 피부가 더 빠르게 치료되게 도와줍니다. 건강한 새로운 세포의 형성을 촉진한다는 측면에서 보면 그것이 재생을 촉진한다고 이야기할 수도 있습니다. 게다가 그것은 특정의 건강한 백혈구를 형성시키고 활성화시키도록 자극합니다.

라벤더에 대한 대부분의 책들은 아래와 같은 에센셜 오일의 의학적 특성에 동의하고 있습니다.

    경련 방지

    진통작용

    진정작용(적당량이 적용되었을 때)

    활기 촉진(더 많은 양이 적용되었을 때)

    우울증 완화

    살균효과

    위장 내의 가스 배출

    상처 치료

    배뇨 촉진

    땀의 빠른 배출

    심장 강화

처방되는 주요 증상들은 다음과 같습니다.

    경련

    신경과민

    불면증

    전염성 질병

    호흡기 질환(천식, 발작성 기침, 백일해, 유행성감기, 기관지염)

    우울증(불안, 일반적인 심신쇠약)

신경쇠약

신경통

졸도

긴장

근육통

생리통

빈뇨

고혈압

대하증

두통

편두통

현기증

방광염

탈모증

입냄새

귀앓이

모든 종류의 상처와 쓰라림

(단순성, 무긴장성, 감염성, 괴사성, 매독성, 경성하감*, 치루)

화상

습진

여드름과 주사성좌창*

불안
우울증
포진
벌레물림
일반적인 피부관리

프랑스에서의 아로마테라피

　프랑스에서는 아로마테라피가 주로 의사들에 의해 꽤 특별한 방식으로 행해집니다. 에센셜 오일은 비뇨기 질환, 생식기 질환, 기관지 혹은 다른 폐질환 같은 몸의 감염증을 치료하기 위해 구강으로 투여됩니다.

　올바른 에센스(혹은 에센스 혼합물)를 결정하기 위해 의사들은 무엇보다도 우선 이른바 '아로마타그램'이라고 불리는 절차를 만들었습니다. 감염부위로부터 채취한 표본이 멸균접시에서 배양됩니다. 그 후 배양된 표본은 여러 멸균접시로 나뉘어 옮겨지고, 여러 다른 종류의 에센셜 오일을 각 접시에 떨어뜨린 후 몇 시간씩 보관해 둡니다. 배양접시 안의 박테리아를 죽이는 에센셜 오일이 환자에게 처방됩니다. 그러면 환자는 약국으로 그 처방전을 가져가 약사가 조제한 오일을 받습니다. 프랑스 법에 따라 의사는 오일을 조제하는 것이 금지되어 있습니다.

영국 아로마테라피의 몇몇 사례들

오늘날 영국 전역의 병원에서는 주목할 만한 결과를 내면서 에센셜 오일을 사용하고 있습니다. 옥스퍼드 존 래드클리프 병원의 로스 와이즈는 "옥스퍼드 처칠 병원의 헬렌 파산트 간호사는 장기치료병동의 노인들을 돌보기 위해 수년 동안 아로마테라피를 사용해왔다"고 보고하고 있습니다. 그 치료에는 또한 음악과 자연산 주스, 마사지와 명상이 포함되어 있습니다. "리듬과 터치, 향기를 통해 그 병동은 고향집 같은 느낌으로 변하고 있습니다. 마침내는 또 다른 세계로 떠나갈 편안하고 따뜻한 장소로 말입니다."

로스 와이즈는 존 래드클리프 병원의 일반 혈관 병동에서 일합니다. "우리는 우선적으로 간호일을 합니다. 우리에게는 치료계획에 아로마테라피를 포함시킬 자유가 주어져 있고 그것이 장려되기도 합니다. 결과를 모니터하기 위해서는 연속성이 필수적입니다." 병동에서는 라벤더가 수면과 휴식을 유도하는 데 도움을 줍니다. 그것은 또한 공기를 정화시키는 효과가 있고 그래서 예방의학적 특성을 가지고 있습니다.

"아로마테라피를 사용할 때 우선적인 과정은 에센셜 오일이 환자들의 필요와 만날 새로운 영역을 매일매일 찾아내는 것입니다. 우리는 아로마테라피를 전통적인 치료와 돌봄의 보완물로 사용합니다." 수술 전의 환자들에게는 불안을 감소시키기 위해 라벤더와 제라늄 목욕을 시켜줍니다.

라벤더 오일로 된 증기를 쐬는 것은 편두통의 완화에 도움이 되는 것으로 증명되었습니다. "수술 후 일반적인 약을 처방할 수 없어 오랫동안 편두통으로 고통받던 한 환자가 라벤더 오일을 시도해보고 싶어했습니다. 그녀는 대략 한 시간이 지나자 점차 편두통이 없어지는 것을 알아채고는 놀라워했습니다." "그 에센셜 오일의 향기는… 그 환자가 병동을 벗어나게 해주었고, 도움 같은 것은 가능하지조차 않다고 느꼈던 환자신세에서 벗어나게 해주었습니다… 나는 아로마테라피가 수술한 환자들이 병원에서 벗어나는 데서 느끼는 불안을 덜어주고, 환자가 스스로 자기를 돌보는 일상적 삶으로 빨리 돌아가도록 도와준다고 깊게 믿고 있습니다." 처칠 병원의 파산트 간호사는 긍지를 가지고 다음의 말을 더했습니다. "우리 병원에서는 밤에 더 이상 어떠한 진정제도 사용하지 않고 있습니다."

옥스퍼드 래드클리프 병원의 비스 병동에 있는 옥스퍼드 간호사 양성학교의 간호전문가들은 에센셜 오일, 특히 주로 라벤더 오일을 사용하고 있습니다. 라벤더 오일의 진정 효과 덕분에 여기서는 그것을 통증을 이겨내는 데 사용합니다. "우리는 오일들을 사용합니다. 다시 말하지만 주로 라벤더를 사용하는데, 그것은 통증역치를 상승시켜 통증을 완화시켜줍니다… 우리는 절단수술 전에 엄청난 고통을 호소했고, 수술 후에도 환상통증을 가졌던 사람을 간호했었습니다… 무릎 아래를 절단했기에 간호사 중 하나가 다리의 윗부분을 마사지해주었습니다. 90분 후에 이 처치는 거의 완벽하게 그의 고통을 없애주었습니다. 이 마사지에는 희석된 라벤더 오일이 사용되었습니다."

옥스퍼드 간호사 양성학교는 실험적인 시도를 하고 있습니다. 환자가 '간호전문가'의 돌봄을 받는 것입니다. 이 병동의 가장 특징적인 점은, 이곳에서는 환자들이 무슨 이유로 병원에 왔는지, 잘못된 곳이 정확히 어디인지 대화를 나눈 후 아로마테라피를 받을지 아니면 일반적인 진정제를 사용할지 선택한다는 것입니다.

환자들에 대한 이런 접근 방식은 홀리스틱한 접근법이며 그들은 개인별로 돌봄을 받습니다. 이것은 단순히 환자들의 의학적 문제만을 돌봐주는 것과는 상당히 다른 접근법입니다.

최근에 환자의 일상적 처치에 라벤더 오일의 사용을 포함시킨 영국의 한 산부인과병원이 런던의 북부에 있습니다. 아이를 낳은 후 라벤더 목

욕을 한 엄마들의 회음부가 얼마나 잘 회복되는지 목격한 병실 간호사는, 병원의 최고 자문의에게 승인을 얻어 라벤더 오일의 긍정적 효과에 대한 포괄적인 임상실험에 착수하고 있습니다.

독일에서의 아로마테라피

독일의 아로마테라피스트들은 일반적으로 인정되는 접근에 만족하지 않고 오일의 미묘하게 변조하는 효과에 초점을 맞추고 있습니다. 각각의 오일들은 독특한 특성을 가지고 있고 특정의 목적을 위해 사용될 수 있습니다(예를 들어 살균 혹은 진정). 그것을 오일의 '개성'이라고 정의할 수 있을 것입니다. 마찬가지로 아로마테라피스트들이 고객을 처음 만났을 때, 모든 고객들은 그들의 전형적이면서도 독특한 문제들을 가지고 옵니다. 그러므로 아로마테라피스트에게는 각 고객들에게 딱 맞는 에센스를 찾아내는 것이 중요합니다. 바로 그 에센스만이 결과적으로 고객을 건강하게 만들어줄 것이고, 신체적, 정서적, 심적 균형을 제공해줄 것이기 때문입니다. 고객의 신체적, 심리학적 구성에 더 잘 맞는 에센스일수록 더 효과적인 치료의 효과가 가능해집니다.

뮌헨의 마르틴 헨글레인은 특별한 후각 검사법을 발전시켰습니다. 환자는 짧게 4종류의 에센셜 오일의 향기를 맡게 되는데, 그 오일들은 인간의 존재와 활동에 기본적인 4가지 영역과 관계되어 있습니다. 환자는 이 4개의 오일의 향기를 각각 맡은 후에 마음속에 어떤 이미지들이 떠오르는지 무엇이든 묘사해보도록 요구됩니다. 부정적인 연상작용은, 최악의 경우에 그 오일 자체를 거부하게 만드는데, 이것은 이 특정 에센스와 연관된 영역의 어떤 문제를 가리키고 있는 것입니다. 고객 개인의 첫 느낌과 그 느낌에 대한 묘사에 따라 어떤 오일이 치료에 사용될지가 결정됩니다. 치료 방법은 주로 향기를 흡입하거나 혹은 특정 경혈점에 오일을 적용하는 것입니다.

'첫 느낌 후각 검사법'에 사용되는 4개의 에센스는 로즈마리, 베르가못, 제라늄 그리고 파출리입니다. 마르틴 헹글레인의 후각 검사법의 맥락에서 보면, 로즈마리는 우리 존재의 중심 즉 '나', 자기권리의 주장, 단호함과 공격성의 건강도를 나타냅니다. 베르가못은 심적 영역과의 연결, 대화의 능력 그리고 자유로움과 유연성, 재치를 나타냅니다. 제라늄은 타인에 대한 열림, 정상적이고 생산적인 정서적 참여 능력, 그리고 다른 사람의 요구나 특이한 것에 대한 감수성을 나타냅니다. 파출리는 우리 몸에 대한 신뢰와 우리가 앞으로 조우할 것들에 대한 '즐거운 인정', 즉 우리의 어머니인 지구와의 연결성을 나타냅니다.

이 네 가지 에센스는 이른바 "향기의 서클"을 형성합니다. 로즈마리(그리고 이와 연결된 모든 향기)는 왼쪽, 베르가못(그리고 이와 연관된 모든 향기)은 꼭대기, 제라늄(그리고 이와 연관된 모든 향기)은 오른쪽, 파출리(그리고 이와 연관된 모든 향기)는 부채꼴의 아래쪽에 배치됩니다. 이 서클에서 라벤더는 베르가못과 제라늄 사이의 어딘가에 놓여있습니다. 그러므로 우리는 라벤더가, 한편으로는 느낌을 알아채고 정서적으로 참여하는 능력에 영향을 미치고, 다른 한편으로는 유연성을 가지고 반응하는 능력과 대화의 기술을 강화시켜준다고 결론지을 수 있습니다.

마르틴 헹글레인은 수백 번의 실험을 시도하고 또 실패하면서 그의 후각 검사법을 발전시켜 완성시켰습니다. 그러나 그것은 고정된 체계로 이해되기보다는 유연한 준거의 틀로 이해되어야 합니다. 방법론적인 용어로 말하자면 우리는 그것을 동종요법의 진단적 접근과 비교해볼 수 있을 것입니다. 처방되는 모든 에센스나 에센스의 조합은 많이 해봐야 4종류의 오일을 담고 있으며 모두 개별적으로 선택됩니다.

  마르틴 헹글레인은 "라벤더는 다양한 수준의 정화와 해독의 효과가 있다. 셀 수도 없이 라벤더 오일을 상처에 적용하고 관찰하면서 나는 그 신속한 상처 치료능력에 얼마나 놀라고 때로는 정신이 멍해졌는지 모른다. 나는 라벤더를 예방책으로 사용하는데, 예를 들어 고객의 개인적 발전 과정에서 좌절이라는 위험이 다가왔을 때 라벤더를 처방한다. 나에게 라벤더는 '옳은 결정을 위한 창문'이다. 그것은 우리가 새로운 돌파구를 열어나갈 결정적인 순간 혹은 헛된 관념에 붙들려 있을 때 그것을 알아차리도록 도와주기 때문이다. 에센스의 도움으로 우리는 막다른 길목에서 빠져나올 수 있는 유리한 위치에 서 있을 수 있게 된다.

  어느 날 고객 중의 한 명이 다음 날 잡혀있는 시험을 통과할 수 있을지 스스로에게 묻고 있었다. 나는 자러 가기 전에 라벤더 몇 방울을 옷에 떨어뜨리고 그 향기를 마셔보라고 제안했다. 침대에 들어간 몇 분 후에 그는 혼돈에서 벗어나 명확하게 사고하기 시작했다. 그는 완전하게 자신의 문제를 깨닫고, 그 문제를 다루는 데는 오직 한 가지 방법밖에 없다는 것을 알아차렸다. 그 도전을 받아들이는 것 외에 다른 방법은 없는 것이다. 그의 걱정은 사라졌고, 기분 좋게 잠을 잤으며, 아침에 일어나서는 완전히 생기를 되찾았다. 말할 것도 없이 그는 시험을 통과했다."

이 조그만 사례는 우리가 몇 번이고 관찰할 수 있는 라벤더의 특징을 드러내줍니다. 우리가 어떻게 느끼느냐에 따라 라벤더 에센스는 우리를 진정시켜 줄 수도 있고 생기를 불어넣어 줄 수도 있습니다. 어떤 경우든 에센스 오일은 대뇌변연계를 활성화시켜줍니다. 대뇌변연계는 다양한 느낌들과, 오래 잊고 있던 기억들, 정서들을 보관하고 있습니다. 향기는 우리가 뇌의 이 중요한 구조물에 접근할 수 있게 해줍니다. 그리고 그렇게 해서, 이전에는 우리에게 열려 있지 않아 발생했던 약간의 심적인 지연을 회복시켜 줄 가능성이 생기는 것입니다.

아로마테라피의 변조 혹은 '미묘한 차이'를 알아낼 수 있는 확립된 규칙은 아직 없습니다. 아로마테라피스트들은 자신이 가진 경험의 안내를 통해 얻어진 나름의 직관을 따르고 있습니다. 물론 최신의 과학적 발견들을 참고하기도 하고 또한 여러 가지 에센셜 오일에 대한 고객들의 직접적인 후각반응도 주요한 고려의 대상이 됩니다.

몇 년 지나지 않아 전 세계 아로마테라피스트들 사이에 존재해오던 대화가 더욱 깊어지면서 아로마테라피의 연구와 실천적 적용이 더욱 깊어지고 많아질 것이라고 확신합니다.

6

Magic and Power
Lavender

라벤더 레시피

　라벤더 오일을 사용하게 되면 당신의 삶은 더욱 풍부해지고 더 큰 신체적 웰빙과 정서적 안정감을 얻을 수 있게 될 것입니다. 온몸을 이완시키는 목욕, 마사지, 냉온열요법, 흡입, 아로마 램프 등 이런 저런 형태의 다양한 적용방식들은 모두 라벤더에 내재하는 훌륭한 힘을 만끽하는 데 도움을 줄 것입니다. 이 힘의 효과는 부정될 수 없습니다. 또 잘 사용된다면 실패 없이 작용할 것입니다. 그러나 우리는 당신이 경험 많은 아로마테라피스트의 조언을 받길 바랍니다. 혹은 아로마테라피에 공감하는 의사와 함께 당신의 테라피에 대해 차근차근 의논해보는 것도 좋을 것입니다. 만약 심각하거나 만성적인 증상으로 고통받고 있다면 의사의 조언이 절대적으로 요구됩니다.

　앞에서 우리는 라벤더와 그 에센스의 특성과 역사에 대해 논의했기에, 이제는 당신이 자기-힐링에 실제로 사용할 만할 괜찮은 팁 몇 가지를 알려주려고 합니다.

　마음과 몸은 긴밀하게 서로 연결되어 있고 그래서 사실상 양자 사이에 선명한 경계선을 긋는 것은 어려운 일입니다. 하나에서 다른 하나를 분리하는 최종적인 경계를 정의내리는 것 말입니다. 몸과 마음 중 어떤 것을 먼저 치료하느냐에 상관없이 그러한 치료는 궁극적으로는 둘 다에 영향을 미칠 것입니다. 물론 모든 치료가 몸과 마음을 똑같이 잘 변화시켜 주거나 조절해 주는 효과를 가진 것은 아닙니다. 그러나 에센셜 오일은 그렇게 작용합니다. 에센셜 오일을 통한 치료는 홀리스틱한 접

근법의 진정한 주요 사례입니다. 에센셜 오일은 피부와 코를 통해 우리 몸으로 들어갑니다(예를 들어, 마사지나 혹은 향기를 흡입한 후에). 후각기관을 통해 에센셜 오일은 마침내 뇌, 특히 정서와 기억이 저장되는 대뇌변연계에 도달합니다. 그곳으로부터 에센셜 오일은 우리의 마음상태, 분위기, 성향에 영향을 미칩니다. 향기는 정서반응을 고무시키고 과거의 이미지들을 불러올 수 있습니다. 향기는 사람을 침착하게 만들어 줄 수 있고, 반대로 생기 있게 만들 수도 있으며, 혹은 매혹적으로도 만들어 줄 수 있습니다.

다양한 에센스들 중에 라벤더 오일은 희석시키지 않은 상태로 피부에 적용할 수 있는 몇 안 되는 오일 중 하나입니다. 알러지 반응도 일어나지 않습니다. 에센셜 오일은 물론 내적으로도 사용될 수 있습니다. 그러나 우리는 이런 형태의 적용에 대해 논의하는 것을 자제할 것입니다. 왜냐하면 그것은 전적으로 적절하게 훈련되고 또 경험이 많은 전문가들의 판단으로 남겨야 하기 때문입니다. 게다가 내적인 사용을 위한 레시피 없이도 우리는 제안해 줄 만한 많은 것들을 가지고 있고, 또 대부분의 경우에 가장 부드럽고 은은한 방법이 가장 적당한 방법이기 때문입니다.

반복해서 말했듯이 이 방법들은 스트레스에서 벗어나게 해주는 데 기여합니다. 그러나 우리가 추구하는 웰빙, 평정 그리고 내적 만족이라는 열매를 거두기 위해서는 능동적인 참여가 필요합니다. 아로마테라피에 대한 능동적 참여는 아름답고 건강한 용모 그리고 자신만의 독특한 매력을 만들 수 있게 할 것입니다.

라벤더 오일을 사는 방법

먼저 당신이 순수한 100% 자연산 에센스를 구매하려 한다는 것을 확실히 해야 합니다. 만약 판매자가 오일이 순수한 100% 자연 에센스라고 확인해준다면 그것은 괜찮은 시작입니다. 그러나 판매자가 항상 진실을 말하는 것은 아닙니다. 그러므로 판매자가 말하는 것에 만족하지는 말아야 합니다. 대신 이 오일을 증류하는 데 어떤 종류의 라벤더가 사용되었는지, 어디서, 어떤 과정으로 길러진 것인지를 확인 가능한 사람에게 물어보아야 합니다.

에센셜 오일은 와인과 비슷합니다. 괜찮은 해와 덜 괜찮은 해가 있습니다. 그래서 여기저기 돌아다니면서 알아봐야 합니다. 여러 종류의 라벤더 오일에 친숙해지고 향기와 가격의 측면에서 서로 비교해 보십시오. 가장 비싼 오일이라고 해서 자동적으로 최고의 오일이 되는 것은 아닙니다. 그러나 "진짜 싸다"는 말에는 주의해야 합니다. 순수성과 싼 가격은 상호배타적일 가능성이 크기 때문입니다. 1리터의 라벤더 오일을 생산하기 위해서는 180킬로그램이 넘는 라벤더가 필요하다는 것을 기억해 보십시오. 높은 고도에서 자라는 야생 라벤더(아로마테라피에 사용하기에 특히 적당합니다)는 손으로 수확해야 하기에 기계로 수확하는 다른 라벤더보다 훨씬 더 오랜 시일이 걸립니다.

이 모든 것들이 가격에 영향을 미칩니다. 어떤 종류의 라벤더 오일을 사야 할지 결정할 때 우리는 이런 것들을 고려해보아야 합니다. 그러나 최종 결정은 당신의 코의 선택에 맡겨야 합니다. 판매자, 가격, 배경지식 등은 중요한 것이지만 다른 무엇보다도 우리의 코가 그 오일의 향기를 좋아해야 하기 때문입니다.

라벤더 오일을 보관하는 방법

다른 에센셜 오일들과 마찬가지로 라벤더 오일은 어둡고, 유리로 된, 밀폐된 병에서 가장 신선하게 유지됩니다. 만약 당신이 많은 양을 구매했다면, 그중에 필요한 정도만 작은 병(드롭퍼)에 옮겨 놓으십시오. 오일이 산소와 덜 접촉할수록 라벤더의 효능이 온전하게 더 오래 유지될 것입니다. 어떤 것이든 산화는 라벤더의 질에 나쁜 영향을 줍니다. 많은 양의 라벤더 오일을 오래 보관하기 위해서는 시원하고 어두운 장소에 넣어두어야 합니다.

전통적으로 유럽에서는 라벤더가 7월과 8월 사이에 수확되고 증류됩니다. 새로 수확된 것들은 늦지 않는다면 9월 말이나 10월 초쯤에 가게에 진열될 것입니다. 이때가 당신이 가장 좋아하는 에센스를 원하는 만큼 충분히 살 수 있는 최적의 시기이고, 또 마치 좋은 와인을 진열해 놓듯이 주의 깊게 에센스를 보관해 놓을 시기이기도 합니다. 올해부터 다음 해 수확기까지 라벤더 오일을 신선하게 사용할 수 있는 최적의 보관 시기인 것입니다.

조금 불편하거나
경미한 증상이
있을 때를 위한 레시피

안나 샌프란시스코로 날아가다

　아로마테라피에 대한 강연을 하기 위해 샌프란시스코로 날아가는 비행기에서 내 자리 통로 건너편에는 걸음마를 막 뗀 아기가 앉아있었습니다. 안나는 이제 갓 한 살을 넘긴 아름다운 꼬마 소녀였습니다. 10시간 반 정도의 비행시간은 아기가 여행하기에는 긴 시간이었지만, 안나는 처음 몇 시간 동안은 놀랍도록 가만히 있었습니다. 나는 가끔 아기가 여기저기 기어다니는 것을 보고 있었습니다. 그러나 곧 아기는 피곤해하며 울기 시작했고, 엄마는 아기를 한숨 자게 하기 위해 눕혔습니다. 이것이 그녀를 진정시키기는 했지만 여전히 자지 않았고, 결국 조용하던 분위기는 극단적인 짜증과 소음으로 바뀌었습니다. 안아주면 울었고 내려놓으면 소리를 질렀습니다. 울부짖는 아이와 함께 비행기를 타본 적이 있다면, 당신은 이것이 얼마나 유쾌하지 못한 일인지 알 것입니다. 당신은 이 소음으로부터 벗어나기 위해 멀리 가버릴 수도 없습니다. 게다가 우리는 아직 반밖에 가지 못했습니다! 얼마 있다 나는 엄마를 쉬게

하기 위해 안나를 잠시 데리고 있었습니다. 나는 아이를 받기 전에 우선 내 목에 라벤더 오일을 조금 발랐습니다. 그런 후 안나를 안고 있자 곧 내 아이들이 생각났고 그 애들의 양육에 라벤더가 얼마나 큰 역할을 했는지 떠올렸습니다. 내 아이들은 거의 다 자랐고 이제 모두 십 대가 되었지만 라벤더는 여전히 같은 역할을 하고 있습니다. 몇 분 후에 안나는 잠이 들었고 샌프란시스코 공항에 도착하여 승무원이 깨울 때까지 계속 잠들어 있었습니다.

시차적응을 위한 목욕

길고 불편한 여행을 할 때마다 당신은 우울과 불쾌감을 느끼거나, 허리 통증, 뻣뻣한 목, 두통으로 고통 받을 것입니다. 이럴 때는 물을 가득 받은 욕조에 다음 오일들 몇 방울을 떨어뜨려 보십시오. 그리고 바로 침대로 들어가십시오.

라벤더	6방울
마조람	2방울
제라늄	2방울

만약 당신이 밤중에 깬다면 라벤더 오일 몇 방울을 휴지에 떨어뜨린 후 편한 자세를 취하고 천천히 심호흡을 하면서 향기를 들이마십시오.

불면증

잠들러 간 후, 나는 왜 잠들지 못하는가를 생각하며 수 시간을 소비하는 것보다 더 좌절스러운 일은 없습니다. 그런 때에 라벤더의 달래고 진정시키는 힘은 겉으로는 달라 보이는 두 가지 방식으로 자연스러운 이완을 가져올 수 있습니다. 라벤더 오일은 우리가 자신도 모르는 사이에 기분 좋게 잠에 빠져들게 해줄 수 있습니다. 혹은 우리를 각성시켜 줄 수도 있는데, 그 상태에서 우리는 그간 신경쓰였던 것들에 대한 생각을 명확하게 정리할 수 있게 됩니다. 그렇게 되면 드디어 우리는 우리 자신과 신경 쓰이던 문제 모두를 진정시키고 편히 쉴 수 있게 되는 것입니다.

몇 방울의 라벤더를 손수건에 스미게 하거나 혹은 베개에 떨어뜨려서 향기를 흡입할 수도 있고, 아로마램프를 사용할 수도 있으며, 가득 찬 욕조에 5~10방울의 라벤더 오일을 떨어뜨려 목욕할 때 사용할 수도 있습니다.

평화로운 잠
스트레스를 받고 있을지라도

내 친구 중 한 명은 큰 회사에서 일합니다. 그는 차나 비행기를 타고 전 유럽을 여행하는 사람입니다. 매일 밤 다른 호텔을 전전하면서 말입니다. 어느 날 그는 우리에게 요즘 쉽게 잠에 들지 못하고 있다고 말했습니다. 그는 잠을 잘 때도 업무를 내려놓을 수가 없었는데, 그날 일어났던 사건들의 영향에 대해 생각하거나 혹은 내일 있을 일을 계획하느라 잠에 못 든다는 것입니다. 우리는 그에게 여행할 때마다 아로마램프를 가지고 다니면서, 밤이 되면 물과 몇 방울의 라벤더 오일을 램프에 채워서, 조용하고 차분한 향기로 호텔방을 채우라고 조언해 주었습니다. 우리가 다시 만났을 때 그는 그의 생애 그 어느 때보다 지금 더 잘 자게 되었다고 행복한 표정으로 말해 주었습니다.

근육통

우리는 이따금 육체적으로 소진되는데 그것은 순전히 격렬한 운동 때문일 수도 있고 혹은 불안과 스트레스가 우리를 약화시키기 때문일 수도 있습니다. 긴 도보여행 후에 실제로 종아리가 아플 수도 있지만, 종종 심리적인 불안으로 발생하는 긴장도 우리의 뒷목과 견갑골의 안쪽과 그 주위 그리고 승모근을 아프게 합니다. 이 경우에 몸을 이완 시켜주는 마사지는 통증을 경감시켜 줄 것입니다. 그렇다고 우리가 꼭 마사지를 해 줄 누군가에게 의존할 필요는 없습니다. 우리는 스스로 자기를 마사지할 수 있습니다. 꼭 그렇게 해보시기를 바랍니다. 그것은 당신에게 여러 가지 좋은 영향을 줄 것입니다.

근육통에 좋은 마사지 오일

향나무 오일	10방울
라벤더 오일	7방울
로즈마리 오일	8방울
식물성 오일 60ml에 희석한다	

두통, 편두통

라벤더는 심리적 긴장이나 업무스트레스에 의해 생긴 모든 종류의 두통을 없애줄 수 있습니다. 라벤더는 신경의 동요와 불안을 해소시켜 주고, 우리를 이완시켜 주며, 편하게 내려놓을 수 있게 만들어 주기 때문입니다. 뒷목이나 머리 앞쪽에 라벤더 오일 몇 방울을 떨어트린 젖은 수건(라벤더 찜질)을 올려놓으면 수분 내에 두통을 경감시키거나 없애 줄 수 있습니다. 그냥 잠시 동안 누워 있으십시오. 천천히 고르게 숨을 쉬면 몇 분 후에는 잠이 들 것입니다. 잠에서 깨어나면 기분이 훨씬 더 좋아져서 생기를 되찾고 활기가 넘칠 것입니다. 그러나 두통은 저혈압 때문에 생겼을 수도 있으므로, 로즈마리 목욕이나 로즈마리 오일 마사지로 보완해주는 것이 좋습니다. 로즈마리는 혈액순환을 자극하는 특성을 가지고 있습니다.

고혈압

전 세계의 아로마테라피스트들은 고혈압에 라벤더 오일을 처방합니다. 라벤더 목욕 또한 고혈압의 의료적 처치에 대한 탁월한 보조가 됩니다. 이것은 스트레스와 불안으로 올라간 혈압을 낮추는 데 도움을 줍니다. 그러나 원하는 결과를 얻기 위해서는 물의 온도를 체온과 거의 같거나 살짝 낮게 맞춰 주어야 한다는 것을 잊지 마십시오.

날카로워진 신경을 누그러트려주는 목욕

욕조에 물을 가득 채우고 다음의 오일을 섞어준다	
라벤더	6방울
마조람	2방울
일랑일랑	2방울

수두

한 십 대 소녀가 친척집에 방문했다가 어린 사촌에게 수두를 옮아왔습니다. 마침 집에 있는 에센스는 라벤더밖에 없었습니다. 가려움이 엄청 심했지만 그 십대 소녀는 흉터가 생길까 걱정하며 긁으려고도 하지 않았습니다. 라벤더를 물에 희석시켜 가려운 곳에 가볍게 두드려 주었고, 이 처치는 즉시 가려움증을 멈춰 주었습니다.

여드름

짜증스러운 조그만 여드름과 사마귀는 마치 우리를 놀리듯이 십 대 시절 우리들의 얼굴과 몸통을 가장 많이 손상시킵니다. 그 나이 때 우리는 자신의 외모에 대해 자각하게 되고 또 외모가 최고로 중요한 문제가 됩니다. 호르몬의 균형 변화는 때때로 여드름과 일반적인 피부손상을 통해 거친 방식으로 외부로 표출되기도 합니다.

 다행스럽게도 우리는 그것에 대처할 만한 무언가를 가지고 있습니다. 예를 들어 우리는 식이조절을 통해 그러한 호르몬의 변화에 재균형을 가져올 수 있습니다. 밀가루, 설탕 그리고 일반적인 정제된 음식을 피하는 것을 통해서 말입니다. 우리는 피부 관리도 잘 해주어야 합니다. 막힌 모공도 다시 부드럽게 열어줘야 할 필요가 있습니다. 이럴 때는 캐모마일 혹은 라벤더를 첨가한 증기 목욕이 도움이 되고, 손상된 피부에 라벤더 오일을 꼼꼼하게 바르는 것도 도움이 됩니다. 면봉에 라벤더 오일 몇 방울을 떨어뜨려 주의 깊게 문지르기만 하면 됩니다. 이를 위한 최상의 시간은 자러 가기 전입니다. 그러면 에센스의 살균과 정화 그리고 재생의 힘이 밤새도록 작용할 것입니다. 효과를 극대화하기 위해 매일 밤 이 처치를 반복하십시오. 당신이 결과에 만족할 때까지요.

조그맣게 베이고 긁힌 상처들

 이런 상처들은 순수한 라벤더 에센스를 가지고 빠르고 쉽게 치료할 수 있습니다. 지혈과 소독, 통증 완화가 모두 한 번에 해결됩니다. 핸드백 안에 라벤더 오일을 담은 작은 유리병 하나만 가지고 다니면 됩니다. 그러면 작은 상처들에는 언제든지 대처할 수 있습니다. 등산이나 여행을 떠날 계획이 있다면 구급상자의 목록에 라벤더 오일을 추가하는 것이 좋습니다.

마뜩잖은 사이클리스트

운이 없게도 운전면허증이 일 년간 정지된 나의 한 친구는 자전거를 타야만 했습니다. 어느 날 자전거를 과도하게 타게 되었는데 한쪽 엉덩이 안쪽에 조그만 영광의 상처를 얻고 말았습니다. 그래서 그 마뜩잖은 사이클리스트는 상처가 헌 곳에 반창고를 붙여 문제를 해결하려고 했습니다. 상처가 곧 사라질 것이라는 희망을 안고 말입니다. 그러나 속담에서 이야기하듯 위험에 처한 타조가 모래에 머리를 숨기더라도 위험은 비껴가지 않는 것입니다. 우리의 친구가 딱 그랬습니다. 그 성가신 상처는 쉽게 사라지지 않았습니다. 게다가 더 나쁘게도 상처가 세균에 감염되고 말았습니다. 고통이 시작된 일주일 후에 그는 나에게 조언을 구했습니다. 나는 순수한 라벤더 오일 한 방울을 손가락에 묻혀 상처에 부드럽게 문지르라고 말해주었습니다. 며칠 내로 염증은 사라졌고 그 주에 새살이 돋아나기 시작했습니다.

이 조그만 이야기는 에센셜 오일이 우리 몸에 내재하는 자기치료의 힘을 어떻게 보조해주는지 실제로 보여줍니다. 몸이 다치면 공기 속의 박테리아는 즉각 우위에 서서 열린 상처로 침입해 들어옵니다. 몸은 반격하지만 전형적인 감염증세가 나타납니다. 왜냐하면 침입한 박테리아가 이미 몸을 방어하는 최전방의 군대를 압도했기 때문입니다. 이 지점에서 라벤더 오일은 몸과 함께하는 최고의 동맹이 되어 적들을 밖으로 몰아냅니다. 에센스의 조그만 도움으로 몸은 스스로 전장을 마무리 짓고 부상자들을 보살필 수 있게 됩니다.

면도하다 다쳤을 때

라벤더는 에센스의 힘을 믿지 않는 사람들도 도울 수 있습니다. 나에게는 도시에서 바쁘게 살아가는 금융인으로 자주 바다 건너로 날아다니며 모임을 해야 하는 친구가 하나 있습니다. 나는 그에게 에센스 몇 개를 주면서 각각의 특성에 대해 간략하게 말해주었지만 그는 그 효과에 대해 회의적이었습니다.

그러나 어느 날 이른 아침, 택시가 그를 태우고 공항으로 가기로 되어 있는 바로 몇 분 전에 그는 거울을 보았고 면도하면서 목이 살짝 베였다는 것을 알아차렸습니다. 셔츠의 칼라가 피로 얼룩져 있었던 것입니다. 셔츠를 갈아입을 만한 시간은 있었습니다. 그러나 피는 어떻게 멈춰야 할까요? 마침 나에게 받았던 에센스가 욕실에 있었고 그는 라벤더 오일이 지혈에 효과가 있다는 사실을 기억해냈습니다. 그는 약간의 순수한 라벤더 오일을 상처에 발랐고 피는 즉각, 택시가 도착하기 이 분 전에 멈췄습니다. 다음에 만났을 때 그는 건조하게 다음과 같이 말했습니다. "아, 그런데, 아로마테라피가 미신이 아니라는 것을 알 기회가 있긴 했어."

벌레 물린 데

라벤더 오일은 벌레에 물려 따갑고 가려울 때 도움을 줄 수 있습니다. 나는 그것이 정확히 어떻게 가능한지 알지는 못하지만 어쨌든 그것은 작용을 합니다. 라벤더는 꿀벌, 말벌, 모기, 개미 같은 것들이 피부를 쏘아서 생기는 불쾌한 통증을 중화시켜 줍니다. 만약 당신의 아이가 벌레에 물려 놀라거나 울고 있다면, 순수한 라벤더 오일 한두 방울을 물린 곳과 그 주변에 직접 발라 주십시오. 그러면 곧 놀라운 일이 일어날 것입니다. 최소한 그것은 내가 나의 아이들과 함께 직접 경험한 일입니다. 더 이상 울지 않았고 짜증도 내지 않았습니다. 그러나 순수한 라벤더 오일을 바르는 것이 벌레에 더 물리는 것을 막아주지는 않았습니다. 만약 당신이 스스로 직접 벌레 쫓는 오일을 만들고 싶다면 여기 그 레시피가 있습니다. 벌레들은 확실히 이런 냄새를 좋아하지 않기에 당신은 벌레의 공격으로부터 보호받을 수 있을 것입니다.

벌레 쫓는 오일	
라벤더	10방울
제라늄	10방울
정향	5방울
호호바 오일 30ml와 식물성 오일 30ml에 함께 섞는다	

햇볕에 화상을 입었을 때

우리는 화상을 막기 위해 온갖 노력을 다하지만 우리들 대부분은 가끔씩 햇볕에 타서 괴로워합니다. 유감스러워하는 것이 도움을 주는 것도 아니고, 마찬가지로 주의하지 못한 것에 스스로를 책망하는 것도 도움을 주지는 못합니다. 만약 햇볕에 탔다면 해변에서 돌아와 처음 해야 할 일은 피부를 진정시키기 위해 목욕을 하는 것입니다. 욕조를 물로 가득 채우고(그러나 물이 섭씨 21도를 넘지 않도록 합니다), 라벤더 10방울과 페퍼민트 5방울을 섞어 넣습니다. 화상을 입은 피부는 피부를 가로막는 장애물 없이 직접 숨을 쉬어야 하므로, 목욕 후에 지방으로 된 오일을 바르는 것은 통증의 완화에 도움을 주지 않을 것입니다. 대신에 면포에 약간의 희석된 라벤더 오일을 발라 아픈 부위에 가볍게 토닥거려 주십시오. 내 경험상으로 결과는 항상 만족스러웠습니다. 햇볕에 탄 곳이 곧 진정되었고 이틀 후에는 밖에 나가 다시 햇볕을 즐기면서 재빨리 태닝을 할 수 있었습니다.

무좀

공중목욕탕이나 사우나에 갔다 와서 이틀 후에 발가락 사이가 간지럽다면 당신은 아마도 무좀에 걸렸을 것입니다. 여러 종류의 에센스가 무좀을 치료할 수 있는데 그중 하나가 라벤더입니다. 면봉 끝에 몇 방울의 라벤더 오일을 떨어트리고 발가락 사이의 피부에 문질러주십시오(하루에 두 번, 곰팡이 감염이 개선될 때까지). 그리고 라벤더를 발라줄 때마다 양말을 갈아 신으십시오.

피부와 모발 관리

세안제

피부 각질제거는 요즘 화장품 업계에서 가장 인기있는 트렌드로, 가게들에서 여러 다양한 브랜드의 세안제를 구입할 수 있습니다. 그러나 만약 당신이 원한다면 죽은 피부 세포를 효과적으로 제거할 수 있는 전용 세안제를 스스로 쉽게 만들 수 있습니다.

라벤더와 오트밀 세안제	
오트밀	1큰술
라벤더	1방울

뽀얀 풀처럼 만들고 싶으면 물을 충분히(너무 묽지 않게) 넣어주십시오. 섞은 것을 얼굴과 목에 펴서 바르고, 원을 그리듯이 부드럽게 문질러 주

십시오. 턱과 코 주위는 특히 주의를 더 기울여야 합니다. 일이 분 정도 기다렸다가 차가운 물로 씻어내십시오. 라벤더가 피부와 모공을 부드럽게 씻어내면서 죽은 피부 세포도 함께 제거했다는 것을 알아차릴 수 있을 것입니다. 당신의 피부는 이제 맑게 빛날 것입니다. 이를 일주일에 한 번씩 반복해 주십시오.

마스크 팩

라벤더 마스크 팩	
고령토	1큰술
증류수	1큰술
벌꿀	1/2작은술
라벤더	1방울
제라늄	1방울

 내용물을 작은 그릇에 넣고 골고루 섞어주십시오. 위 레시피는 두 번 정도 사용하기에 충분한 양으로, 냉장고에서 일주일간 신선하게 보관할 수 있습니다. 벌꿀과 제라늄, 라벤더는 피부를 비단처럼 부드럽게 만드는 데 이상적인 요소들입니다.

습진

나의 조그만 딸은 태어날 때부터 습진과 관련된 알러지로 고통받아 왔는데 어렸을 적에 일종의 체질적인 피부염으로 진단 받았습니다. 경험을 통해 나는 이 딱지투성이의 발진이 너무 많은 설탕과 흰 밀가루를 섭취한 후에 가장 빈번하게 나타난다는 것을 알게 되었습니다. 나의 딸은 이제 7살이고 피부건강을 위해 달콤한 것들을 포기해야 할 충분한 이유를 가지고 있습니다. 그러나 크리스마스와 부활절은 단 것을 먹기 좋은 때이고 유혹은 너무나도 큽니다. 그녀는 유혹에 굴복하고 또 그 대가를 치르고야 맙니다. 습진의 가려움은 엄청난 고통을 줄 수 있습니다. 나는 허브요법에 관한 모리스 메세게의 책들 중 하나에서 라벤더에 대해 언급한 부분을 처음 발견했습니다. 그러나 딸의 피부는 너무나 민감했기에 나는 순수한 라벤더 오일을 사용할 수 없었고 내 나름의 방식으로 크림을

라벤더 크림

밀랍	8그램
라놀린(양모 오일)	14그램
올리브 오일	32그램
라벤더 꽃	1큰술
증류수	32밀리리터
라벤더 에센스	20방울

만들기로 했습니다. 거기에다 더해 나는 딸을 목욕시킬 때마다 라벤더 오일을 사용했습니다. 나는 이러한 처치 후 그녀가 자신의 비단결처럼 부드러운 아기 피부를 재빠르게 회복하는 것을 여러 번 보아왔습니다.

피부관리를 위한 크림

밀랍과 라놀린, 올리브 오일을 중탕냄비에 넣고 녹입니다. 끓인 증류수를 라벤더 꽃에 붓고 식을 때까지 담가놓습니다. 위스크나 전기믹서기에 위의 지방-오일 혼합물을 넣고 계속 저으면서 여기에 라벤더꽃 증류수를 잘 걸러서 섞어줍니다. 크림이 굳어지기 시작하면 라벤더 오일을 첨가해줍니다. 크림이 충분히 굳어질 때까지 계속 저어주십시오.

우리 모두가 알듯이 크림은 우유의 노르스름한 부분으로 우유의 윗부분에 떠오릅니다. 그 단어는 또한 '정수(cream of the crop)'라는 뜻을 상징적으로 표현하는 데 사용되기도 합니다.

이 단순한 사실이 함축하는 것이 무엇인지 깨달았을 때, 나는 일반적인 크림에 내 나름의 레시피를 추가하여 만든 크림을 늘 준비해두었습니다. 이것은 당신이 상상할 수 있는 가장 간단한 레시피입니다. 이 크림은 피부를 맑고 활력있게 만들어줍니다. 한두 작은술의 크림에 라벤더 한두 방울을 첨가하기만 하면 됩니다. 가볍게 저어서 얼굴에 발라보십시오.

손상된 모발의 관리

햇볕 아래 오래 있을 때나 특히 염소로 처리한 수영장물이나 해변의 소금기가 있는 바닷물에 반복해서 몸을 담그면서 햇볕에 닿을 때 당신의 머릿결은 심각하게 손상됩니다. 그러나 손상된 머릿결을 빠르게 재생시킬 수 있는 방법이 있습니다. 아래의 레시피에 따라 집에서 직접 만들 수 있는 오일 컨디셔너로 일주일에 한 번씩만 머리를 관리해주면 됩니다.

손상된 모발을 위한 트리트먼트	
자단목 오일	15방울
제라늄 오일	5방울
백단목 오일	5방울
라벤더 오일	5방울
60밀리리터 식물성 오일에 희석한다	

코튼볼에 조심스럽게 발라서 오일이 머릿결 전체에 스며들게 한 후 수건으로 머리를 감쌉니다. 두 시간 후에 씻어내서 완전히 헹구십시오. 이것은 예방차원에서 머릿결을 보호하는 데도 훌륭하게 작용하므로 해변에 가기 전에 미리 적용하는 것도 좋습니다. 오일을 바르고 괜찮다면 머리를 땋아보십시오. 그러면 온종일 일광욕을 즐기거나 수영을 하더라도 머릿결이 보호될 것입니다. 당연히 머릿결이 푸석푸석해지거나 햇볕에 탈색되지도 않을 것입니다.

마사지 – 만지기 그리고 만져지기

부드럽게 매만지는 손길보다 더 편안하고 아름다운 것을 상상할 수 있을까요? 엄마가 아기를 안아줄 때 그 안도감을 주는 향기와 손길은 세계에 대한 아기의 첫 감각으로서 우선적이고 근본적인 역할을 합니다. 우리는 전 생애를 통해 이것을 기억하며, 또 언제나 다시 그 매만지는 손길을 느끼면서 우리가 사랑하는 친근한 향기를 맡고 싶어합니다. 아로마테라피 마사지는 이 두 가지 경험을 하나로 통합시켜 줍니다. 아로마테라피 마사지는 사랑이라는 아름다운 행위에 참여하는 둘 모두에게 만족감을 줍니다. 마시지를 받는 사람만큼이나 마사지를 해주는 사람도 만족스러움을 느끼는 것입니다. 상호 간에 에너지를 교환하는 것보다 더 기쁘고 만족스러운 것이 무엇이 또 있을 수 있을까요?

마사지는 사용하는 에센셜 오일의 종류에 따라 매우 다른 효과를 나타낼 수 있습니다. 만약 우리가 라벤더 오일을 사용한다면 그것은 우리를 고요하게 이완시켜 줄 것이고 또 피부를 진정시키는 효과를 줄 것입니다. 게다가 라벤더 오일은 근육의 모든 긴장이 풀어지게 해줍니다. 심지어 우리가 알아차리지조차 못하는 근육의 긴장도 풀리게 해줍니다.

순수한 라벤더 마사지 오일을 사용해도 되고 괜찮다면 다른 에센스를 섞어줘도 좋습니다. 135쪽에 라벤더와 잘 어울리는 오일의 목록을 적어놓았습니다. 기본적인 성분비는 에센셜 오일 2%에 식물성 오일 98%를 섞어주는 것입니다. 혹은 아래의 레시피를 사용해 보십시오.

> **이완을 위한 마사지 오일**
>
> 라벤더 오일   40방울
>
> 90밀리리터의 식물성 오일에 섞어준다

절대로 병에 든 마사지 오일을 피부에 직접 붓지 마십시오. 바로 바르기엔 너무 차갑기에 그 충격으로 쓸데없는 긴장이 만들어질 수 있기 때문입니다. 대신 손바닥의 오목한 부분에 충분한 양의 오일을 붓고 손바닥을 문질러 체온과 맞춰준 후에 상대방을 만져주십시오.

마사지를 하기 위해 공부를 할 필요는 없습니다. 스스로의 직관을 믿으면 됩니다. 손이 상대의 몸을 천천히 부드럽게 주행하도록 하십시오. 피부를 탐험하면서 부드럽고 딱딱한 지점을 발견해 내십시오. 그리고 당신이 기쁨을 원한다는 것 그리고 어떤 아름다운 것을 주길 원한다는 것을 절대로 잊지 마십시오. 근육을 주무르거나 누르는 특별한 방법과 같은 세세한 움직임을 기억해 내려고 노력하지 마십시오. 만약 당신이 잘못 알고 있는 것이라면 상대방을 아프게 할 수도 있습니다. 그저 부드럽게만 하십시오. 당신이 딱히 특정 마사지 기술을 훈련받지 않았다면 이것이 당신이 할 수 있는 최고의 방법이고 또 좋은 효과를 낼 것입니다. 당신은 편안함, 평온, 완전한 이완이라는 선물을 줄 수 있을 것입니다.

마사지를 배우길 원한다면 수업을 듣거나 여러 책을 참고할 수 있을

것입니다. 예를 들어 주디스 잭슨의 『향기로운 터치』 같은 책이 괜찮습니다.

면역력 강화

튼튼한 면역체계는 축축하고 차가운 날씨에 노출되거나 독감이 유행할 때 큰 도움이 됩니다. 당신이 빈속으로 일하거나 과로 혹은 우울증으로 혈액이 부족할 때도 도움이 될 것입니다. 아로마테라피 마사지는 너무나 필요하던 그런 안도감을 줄 것이고, 향기로운 오일로 하는 정기적인 마사지는 건강과 면역력의 향상에 기여할 것입니다. 아래 레시피에 언급한 두 가지 오일은 특히 이러한 목적을 위해 디자인된 것입니다.

이 오일들을 사용하여 등, 팔, 다리, 손과 발에 마사지해 주십시오. 일주일에 한 번이면 면역체계를 일반적인 수준으로 만드는 데 충분할 것입니다. 그러나 만약 당신이 오랫동안 항생제에 노출되어 있었거나 혹은 감기나 독감 혹은 유사한 질병에 걸린 누군가와 정기적으로 접촉한다면 이 마사지를 늘 해야만 할 것입니다. 만약 당신 안에 감춰진 감염되기 쉬운 허약한 지점을 직관적으로 느끼고 있다면 이 오일들이 큰 도움이 될 것입니다. 그런 모든 것들에서 아로마테라피 마사지는 훌륭한 예방적 치료로 작용할 것입니다.

신장 주변을 손으로 부드럽게 쓸어주는 것은 신장이 더 효과적으로 독소를 배출시키도록 도와줄 수 있습니다. 이 마사지는 또한 우리의 면역체계에서 굉장히 중요한 부신의 기능을 촉진시켜 줍니다. 양손을 평

평하게 해서 짧고, 확고하며, 마찰을 일으키는 쓸어내림으로 15에서 20회 정도 신장 부근을 마사지해 주십시오(등허리부터 시작하여 옆쪽으로 확장해 나가세요). 이 특별한 신장 마사지는 위에서 말한 간단한 형태의 이완을 위한 마사지와 함께 사용할 수 있습니다.

면역체계 강화를 위한 마사지 오일 1

라벤더	15방울
베르가못	5방울
레몬	5방울
60밀리리터 식물성 오일에 희석한다	

면역체계 강화를 위한 마사지 오일 2

라벤더	10방울
레몬	5방울
티트리	10방울
60밀리리터 식물성 오일에 희석한다	

얼굴 마사지

얼굴 마사지는 놀라울 정도의 이완과 해방의 감각을 줄 수 있습니다. 얼굴 근육에는 다양한 감정과 기억이 저장되어 있어, 우리가 완벽하게 해소시킬 수는 없는 긴장의 주머니를 형성합니다. 얼굴 마사지는 이 근육들과 함께 근육 속에 '얼어붙어' 있는 감정들을 이완시키고 '해방'시켜 줍니다. 표면에 떠오른 어떠한 느낌도 억제하려고 하지 마십시오. 그저 흐름에 몸을 맡기고 마사지를 즐기십시오.

얼굴 마사지는 강력한 이완의 효과가 있습니다. 당신은 쉽게 마사지에 익숙해질 것이고 기꺼이 중독될 것입니다. 만약 당신이 정기적으로 마사지를 한다면 얼굴은 더욱더 조화롭게 변해 갈 것입니다. 즉 얼굴이 '해방'되는 것입니다.

손을 얼굴에 대고, 팔꿈치는 늘어트리고, 손가락을 얼굴 전면의 중심에 살짝 겹치도록 놓으십시오. 눈썹에서부터 머리카락이 난 곳까지 손 아래쪽으로 미끄러지듯이 마사지해 주고, 머리카락이 난 곳에서부터 얼굴 전면까지 손 위쪽으로 쓸어내려 주세요. 이러한 마사지는 두통을 예방하고 얼굴을 매끄럽게 이완시키는 데 도움을 줍니다.

얼굴 마사지를 위한 오일(보통의 건조한 피부용)	
라벤더	10방울
제라늄	2방울
백단목	8방울
일랑일랑	5방울
60밀리리터의 식물성 오일이나 해바라기 혹은 아몬드 오일에 희석시킨다	

특별히 여성을 위한 레시피

질 분비 이상에는 라벤더 탐폰

 탐폰에 순수한 라벤더 오일을 발라 밤에 잘 때 사용하면 당신은 편안한 잠을 잘 수 있을 것입니다. 이것은 조그만 감염이라면 일주일 내에 제거해 줄 것입니다. 그러나 만약 당신이 이를 적용한 후에도 분비물에 이상이 있다면 이 문제를 해결하기 위한 다른 방법들을 찾아봐야 할 것입니다. 커피나 설탕류 음료나 음식들을 끊어 볼 것을 제안 드립니다. 생수나 연한 차를 늘 가지고 다니십시오. 급성 질염(칸디다 알비칸스 진균)은 대부분 나쁜 음식이나 과도한 알코올 혹은 처방받은 약을 먹은 후 같이 우리 몸에 '과부하'가 생겼을 때 발생합니다. 그러므로 이러한 염증은 몸의 다른 부위로 퍼질 수 있고 새로운 문제들을 만들어 낼 수도 있습니다. 라벤더는 염증을 제거하는 효과를 가지고 있기에 침대에 들기 전에 라벤더 오일(한 컵의 물에 20방울의 라벤더를 떨어뜨려서)로 외음부를 씻어내는 것을 추천합니다. 내적으로 사용할 수 있는 다른 에센스도 고려해보기를 바랍니다.

유선염

유선염은 모유수유의 가장 불쾌한 동반자 중의 하나일 것입니다. 극단적인 경우에는 항생제로 치료를 해야 하는데 그것은 이중으로 짜증스러운 일입니다. 약의 부작용으로 고통받는 것에 더해 아기에게 모유를 수유하는 것도 멈춰야 하기 때문입니다. 혹시 있을지도 모를 심리적 부작용 때문에 이것은 가장 어려운 상황을 만들어낼 수도 있습니다.

첫번째 증상은 종종 조그만 붉은 반점의 형태로 나타납니다. 유선염은 모유관들 중 하나가 막혔을 때 발생할 수 있습니다. 이것은 엄마가 아기가 필요로 하는 것보다 더 많은 모유를 가졌을 때 쉽게 발생할 수 있습니다. 경미한 경우나 열이 없다면 모유관을 깨끗하게 하기 위한 간단한 예방적 관리 정도면 충분할 것입니다. 가슴에 충분한 여유공간을 주기 위해 가장 큰 브라를 착용하십시오. 그리고… 계속 움직이십시오. 이러한 조언은 이상하게 들릴 것입니다. 그러나 집을 청소하고, 설거지를 하고, 심지어 역도를 하는 것마저도 도움을 줄 수 있습니다. 이러한 활동들은 가슴을 적극적으로 움직이게 만들기 때문입니다. 이와 더불어서 당신은 아래의 찜질법을 적용해 볼 수도 있습니다. 이 혼합물에 수건을 적신 후 짜서 가슴에 올려놓으십시오. 수건이 따뜻해지면 바로 새로 갈아주세요. 그래야 라벤더와 장미의 항생과 진정의 효과가 제대로 나타납니다.

유선염 찜질	
장미	2방울
제라늄	1방울
라벤더	1방울
750밀리리터(3컵)의 차가운 물에 희석시킨다	

산후 우울증

아이가 태어난 순간부터 부모들, 특히 엄마는 아이에 대해 책임을 져야 합니다. 일상의 자질구레한 일들이 주의 깊게 관리되어야 하는데, 거기에는 시간이 좀 걸릴 것이고, 상황을 통제하기 위해서는 약간의 재조정이 필요할 것입니다. 때때로 이러한 스트레스를 주는 변화는, 밤에 깨어 수유를 해야 하는 상황과 결합되어, 모유의 양을 실제로 줄어들게 할 수도 있고, 이 상황은 엄마와 아이를 더욱더 짜증나게 만들 수 있습니다.

그러한 긴장의 순간에, 몇 방울의 라벤더 오일을 아로마램프에 떨어트려 기운을 북돋아주는 향기를 흡입할 수 있고 또 그 향으로 내 아기가 편안해질 것이라는 것을 이미 알고 있었기에 라벤더는 나에게 구원과도 같은 것이었습니다.

나는 라벤더가 산후 우울증을 치료하고 쇠약해진 신경을 회복시켰다는 이야기를 종종 들어왔습니다. 아이를 낳은 처음 며칠 동안 거의 모든 여성들이 평소보다 더 많이 웁니다. 여러 새로운 도전과 급격한 호르몬 변화는 에너지 사용에 부담을 주기 때문입니다. 그녀는 아마 정서적인 롤러코스터를 타고 있을지도 모릅니다. 흥분에 도취되었다가 어느새 끝없는 비참의 구렁텅이에 빠지고, 다시 또 불안정한 흥분으로 변하면서, 통제할 수 없는 감정은 더욱더 심화될 것입니다. 그럴 때는 일단은 라벤더로 그 상황을 안정시키는 것이 최선의 선택입니다. 먼저 평정심을 되찾은 후에, 자스민, 장미, 일랑일랑 같은 약간은 고취시켜 주는 오일들을 같이 사용하는 것이 좋습니다. 아로마램프나 목욕물에 사용하거나 티슈에 몇 방울 떨어트려 사용해도 좋습니다.

애완동물

저지 라벤더 농장의 엘리자베스는 농장에 찾아오는 다양한 방문자들과 또 그들이 라벤더를 사용하는 여러 방법들에 대해 말해주었습니다. 어떤 사람들은 집에서 벼룩을 쫓아내기 위해 사용하고, 어떤 이들은 개 벼룩을 없애기 위해 라벤더를 사용합니다. 그중에서 특히 나는 자신의 암캐가 발정이 났을 때 수캐들로부터 그 사실을 숨기기 위해, 개집 주위에 라벤더 오일을 뿌려놓았다는 여성의 이야기를 좋아합니다. 확실히 그것은 작동했습니다. 개들은 대단히 날카로운 후각을 지녔지만 라벤더는 그들을 따돌릴 수 있었습니다.

애완동물이 눈병에 걸렸다면 탈지면에 희석된 라벤더를 묻혀서 눈을 닦아주십시오. 이것은 상처를 소독하는 데도 사용할 수 있고(개나 고양이가 싸운 후라든가), 혹은 벼룩에 물린 곳에 발라주면 가려움증을 완화시켜 줍니다.

새끼고양이를 위한 화장실 훈련

고양이는 본성상 깨끗한 동물이고 새끼고양이는 실제로 어미고양이로부터 화장실 훈련을 받습니다. 그러나 새끼고양이를 입양했다면 그 모든 것을 잊어버렸을지도 모르는데, 애초에 집 밖으로 나갈 방법을 찾지 못했거나 혹은 엄마에게서 떼어놓은 것에 대한 항의 표시로 그럴 수도 있습니다. 만약 당신의 새끼고양이가 용변을 보는 곳을 스스로 골랐다면 이 습관을 바꾸기는 어렵습니다. 냄새 자체가 같은 장소로 되돌아오게 만들기 때문입니다. 에센셜 오일은 이러한 곤경에서 벗어날 수 있게 해줍니다. 그저 그곳에 라벤더와 페퍼민트 오일의 혼합액을 뿌려두기만 하면 됩니다. 이 혼합액은 또 고양이가 자기가 좋아하는 아무 데서나(소파나 찬장, 아름다운 안락의자라든가) 발톱을 가는 것도 막아줄 수 있습니다. 고양이는 냄새에 대한 날카로운 감각을 가지고 있어서 강한 향기의 에센스가 발라진 곳에서부터 벗어나려고 하는 경향이 있습니다.

공기를 상쾌하게
만드는 방법

　에센셜 오일은 생활공간이나 작업공간의 조건을 바꾸어놓는 훌륭한 향기로 사용될 수 있습니다. 한번 해보십시오. 당신이나 당신의 가족, 친구들은 긴장이 풀리고 편안함을 주는 환경 덕분에 기분 좋은 느낌을 받을 것입니다.

아로마램프 사용하기

　아로마램프는 놀라운 발명품입니다. 아로마램프는 쉽게 딱 알맞은 양의 에센스 혹은 에센스의 혼합물로 방을 은은하게 채울 수 있게 해줍니다. 향기는 코를 찌르는 독한 향 없이 기분 좋게 공기 속으로 퍼져나갑니다.

　구입해서 사용할 수 있는 여러 종류의 다양한 아로마램프들이 있습니다. 전자제품으로 나온 것도 있고 촛불을 이용하는 것도 있습니다. 그러나 이것들은 모두 똑같은 간단한 원리로 작동됩니다. 물과 오일을 담는 작은 용기가 전구나 촛불 위에 놓여 있고 그 열기로 오일을 증발시켜 방을 향기로 채우는 것입니다. 램프는 도자기나 석고, 유리로 만들어져 있기에 그 자체만으로도 아름다운 장식품이 될 수 있습니다.

사용되는 오일의 양은 방의 크기와 오일의 특성에 따라 달라집니다. 강한 향기의 에센스라면 한두 방울로 충분할 것입니다. 그러나 옅고 휘발성이 강한 꽃(혹은 레몬류의 오일)이라면 아마 10~15방울 정도가 필요할 것입니다. 적당한 양이 어느 정도인지는 당신의 코가 알려줄 것입니다. 향기는 방의 공기와 그것을 마시는 모든 사람들의 정서에 영향을 미칩니다. 사무실 같은 공공의 공간에서는 상쾌하고 활기를 주는 오일이 좋을 것이고, 침실에서라면 수면에 도움을 주거나 미약 성분이 있는 것이 좋을 것입니다.

우리는 향기를 어떻게 경험하는가

향기가 지각되는 생리적 과정을 알게 되면 향기의 생리적, 심리적인 효과에 대해 더 명확하게 이해할 수 있게 될 것입니다.

향기는 우리가 향기를 원하는지 그렇지 않은지 자각하지 못할 때조차도 우리에게 영향을 미칩니다. 무슨 수를 써도 우리는 향기로부터 벗어날 수 없기에, 오히려 향기의 구석까지 널리 미치는 효과에 대해 적극적으로 이해하고 이용하는 편이 더 낫습니다. 향기를 이용하기 위해서는 향기의 특성에 대해 알아야 합니다. 어떤 종류의 에센스가 억압되어 있던 우리의 감정과 느낌을 표출시키게 도와주는지, 무슨 에센스가 우리를 마법처럼 매료시키는지, 혹은 그것이 우리를 이완시켜 주거나, 혹은 불안이나 공포로부터 해방시켜 주는지 등을 말입니다.

어떤 측면에서 보면 향기에 대한 우리의 감각은 거의 원초적인 것입니다. 그것은 우리를 즉각 과거로 돌려보낼 수도 있고, 우리를 미래로 날려보내거나, 혹은 우리가 지금 여기 현재를 느끼는 방식을 변형시킬 수도 있습니다. 마법이나 마술처럼 들리나요? 그렇지 않습니다. 그것은 놀라울 정도로 복잡한 우리의 생리적인 연쇄반응일 뿐입니다. 에센셜 오일의 향기를 만들어내는 분자는 흡입을 통해 코의 점막과 점막에 달린 수백만 개의 후각수용기에 도달합니다. 냄새를 분별하는 과정에는 매번의 흡입 당 거의 일억 개의 뉴런들이 사용됩니다. 이 뉴런들은 중추신경계에 거의 딱 붙어있어서 중추신경에 거의 직접적으로 연결됩니다. 뇌의 다양한 기능을 통해 불가피하게 자동적으로 걸러지는 모든 다른 감각지각들과는 다르게, 향기는 거의 검열을 받지 않고 대뇌변연계의 정서중추에 도달합니다. 거기서 향기는 즉각적으로, 우리를 이완시키거나 차분하게 만들고 혹은 활기를 주거나 고취시키는 정보로 변형됩니다. 그리고 그것은 몸을 통해 중계되어 의식적 활동과 자율신경체계 양자 모두에 영향을 미칩니다. 이런 식으로 코는 우리 몸에서 유일하게 정신과 직접 연결되는 통로가 되는 것입니다. 그리고 호흡은 그 문을 여는 핵심적인 열쇠가 됩니다.

라벤더 –
마법을 불러일으키고 권능을 부여하는

사랑스러운 향기는 호흡을 활력으로 가득 채우고 그 생명력에 우리를 맡기도록 유혹합니다. 너무 신비롭고 막연하게 들리나요? 꼭 그렇지만은 않습니다. 만약 우리가 에센셜 오일이 어떻게 탄생하는지 잘 생각해 본다면 에센스가 불러일으키는 마법이 이해될 것이고 전혀 신비로운 것이 아니라는 것을 알게 될 것입니다.

에센셜 오일은 '변형된 햇빛'입니다. 혹은 우리 친구들 중 하나가 말했듯이 '향기로운 지식'입니다. 이러한 묘사는 실제 상당히 적절한 것으로, 이 표현은 오일의 다양한 여러 특성들을 단 하나의 문구로 적확하게 잡아내고 있습니다.

향기의 지각이 만들어내는 생리적 반응에 대한 우리의 간단한 고찰이 드러내고 있듯이, 우리 몸의 어떤 부분도 향기의 영향을 받지 않는 곳이 없습니다. 향기는 우리의 신체 곳곳에 영향을 미치고 또 심리적으로도 영향을 끼칩니다.

그렇다면 라벤더의 본질은 무엇일까요? 그것은 우리에게 어떤 영향을 주는 걸까요? 그것이 정확히 우리에게 미치는 효과는 무엇인가요? 나는 이것을 나의 책 『매혹적인 향기』에서 묘사해보려고 했습니다. "라벤더는 우리가 수성의 에너지에 지배당할 때, 우리가 수성의 명령자가 아니라 그 노예가 되었을 때 언제나 우리를 도와줄 것입니다. 그런 상태에서 우리는 보통 하나의 고정된 생각에 붙잡혀서 고통받습니다. 급류처럼 휘몰아치는 생각의 흐름이 마음의 평화를 깨트리면서 이 생각 저 생각으로 우리를 몰아붙입니다. 마치 탁 트인 광야를 달리는 기차와 같이 말입니다. 우리는 세세한 것들에 거의 집중하지 못한 채 다음 정거장으로 넘어가 버리고 그 다음 정거장에서도 그렇게 돼버리고 맙니다. 수성의 에너지가 한번 통제를 벗어나면 그것을 멈추는 것은 거의 불가능한 것처럼 보입니다. 우리는 정신없이 바쁜 일정을 바꾸거나 혹은 스스로를 되돌아볼 여유를 갖지 못합니다. 이런 상황을 해결할 유일한 길은 평정심을 회복하는 것입니다. 수성의 에너지는 오직 수성의 에너지로만 극복될 수 있습니다. 니콜라스 컬페퍼에 따르면 라벤더는 수성에 의해 지배받습니다. 라벤더는 깊고 편안한 잠을 이끌어내는 놀라운 에센셜 오일이며, 숙면은 우리가 놓인 상황을 분석하는 데 꼭 필요한 바로 그것입니다. 이런 식으로 한 번 잘 자고 일어나면 아침에는 수성 에너지의 긍정적인 측면과 부정적인 측면을 구분해서 볼 수 있게 됩니다. 마음은 이내 점점 더 맑아지고 우리네 인생이 좀 더 즐길 만한 것이라고 느껴질 것입니다."

과도한 흥분으로 인한 심적 고통에 더해 신체적 통증까지 발생하게 될 때 라벤더 오일은 '이완하라'는 메시지를 몸 전체 곳곳에 전달해줄 것입니다. 우리들 대부분은 살면서 한두 번쯤은 멈출 줄 모르고 끊임없이 계속되는 생각의 회오리 때문에 돌아버릴 것 같은 두통으로 고통 받아 보았을 것입니다. 라벤더는 정확히 이런 때에 필요한 안정효과를 가져오게 할 수 있는데, 이는 라벤더가 사고 과정에 사용되는 신경전달물질을 재조정하여 과도하게 사용되고 있는 신경 체계를 진정시키기 때문입니다.

라벤더는 단지
이완만 시키는 것이 아니다

마르틴 헨글레인은 심리치료를 하는 중에 라벤더가 인간의 심리에 상당히 복합적인 효과를 나타낸다는 것을 다시금 발견했습니다. 즉 그것은 이완시키면서도 동시에 활기를 자극하는 작용을 하는 것입니다. 오랜 약초학의 역사가 이러한 발견을 확신시켜 줍니다. 우리가 우리의 놓인 상황을 새롭게 이해해야 하거나 혹은 중요한 결정을 해야 할 때, 라벤더는 처음에는 문제를 해결하고 일이 똑바로 진행되도록 우리를 자극하지만, 그 후에는 무척이나 필요하고 기운이 새롭게 나게 만들어 주는 깊은 휴식으로 우리를 인도합니다.

마르틴 헨글레인에 따르면 라벤더는 타로카드의 '연인'에 해당합니다. 그 카드는 잃어버렸던 동일성의 재각성 그리고 이분법의 폐기를 상징하는 것으로 실재와의 합류를 의미합니다. 연인카드의 그림은 라벤더의 심리적 효과를 완벽하게 잡아내고 있습니다.

독일의 팝그룹인 '멀린의 마법'은 그들의 앨범 '타로의 소리' 중 '신비와 열쇠'를 통해 이런 종류의 분위기를 불러일으키는데, 이 노래는 타로의 연인카드에 대응하도록 구성된 곡입니다. "융합과도 같은, 꿈결과도 같은, 모든 것을 생생하게 만드는, 그녀는 나의 신비, 그녀는 나의 열쇠." 바로 그 단어의 의미처럼 라벤더는 깊숙이 놓여 있는 그런 종류의 지식을 여는 '열쇠'가 될 수 있습니다. 이런 식으로 우리는 마법처럼 매혹적인 에센셜 오일의 향으로 가득한 방에서 음악에 심취할 수 있는 것입니다.

아로마램프에 라벤더와 함께 넣을 만한 오일들

라벤더 오일은 다양한 종류의 에센스와 잘 어우러집니다. 말할 것도 없이 다른 조합은 다른 효과를 낼 것입니다. 다음의 레시피는 아로마램프를 한 번 채울 만큼의 양으로 제시된 것입니다. 드로퍼로 물에 오일들을 넣으십시오. 만약 아래 레시피의 혼합물을 더 적은 양으로 만들고 싶다면 당신의 목적에 따라 같은 비율로 줄여주면 됩니다. 어떤 혼합 방식은 오일들이 각각의 원래의 효과를 유지하도록 만들어 주고, 다른 방식의 혼합은 또 완벽하게 새롭고도 놀라운 종합적인 효과를 창조해 냅니다. 우선 여기 아래 제시된 레시피에 따라 경험을 쌓은 다음 점차로 자신의 직관의 안내를 따라 더욱 익혀나가길 바랍니다.

어린이방을 위한 레시피

라벤더	5방울
감귤	1방울
로즈	1방울

수면 유도를 위한 레시피

라벤더	10방울
마조람	5방울
니아울리	1방울

재충전을 위한 레시피

베르가못	5방울
버베나	5방울
제라늄	3방울
라벤더	2방울

이완을 위한 레시피

클라리 세이지	5방울
라벤더	2방울
일랑일랑	2방울
베티베리아향초	1방울

집중력을 향상시켜 주는 레시피
(작업실에 이상적임)

버베나	10방울
포도	2방울
페퍼민트	1방울
제라늄	1방울
라벤더	1방울

미약 레시피

일랑일랑	10방울
베티베리아향초	1방울
라벤더	1방울

침실을 위한 아시안 레시피

자단향	5방울
자스민	2방울
정향	1방울
라벤더	1방울

크리스마스 레시피 1

귤	12방울
정향	3방울
라벤더	3방울

크리스마스 레시피 2

귤	10방울
라벤더	4방울
시나몬	3방울

크리스마스 레시피 3

귤	8방울
라벤더	8방울
자스민	1방울

봄맞이 레시피	
베르가못	19방울
네롤리	2방울
생강	1방울
라벤더	1방울

다양한 에센셜 오일들의 일반적인 효과

『매혹적인 향기』* 에 묘사된 것을 가져옴

베르가못   생기를 북돋아 준다; 자신감을 향상시킨다; 미래에 대한 더 명확한 그림을 보여준다.

시나몬   이완을 시켜 준다. 따뜻한 돌봄의 손길로 보호받는 느낌을 받을 수 있다.

클라리 세이지   이완을 시켜 주고, 황홀하게 만들어준다. 의식을 확장시켜 주고 용기를 준다.

---

* Monika Jünemann, 「Enchanting Scents」, Lotus Light Publications, Silver Lake, WI, 1989

정향	이완시켜 준다; 우리에게 이미 쓸모없어진 행동패턴(특히 물질적인 면에서)을 버리도록 고무시킨다.
제라늄	생기를 북돋아준다; 조화를 가져다주고 동시에 우리 생의 모든 차원을 지배하는 여러 리듬들에 우리를 열어준다.
생강	생기를 북돋아주고, 조화를 가져다주며, 힘을 준다. 창조적 활동을 통해 미적 관념을 깨닫는 데 도움을 준다.
자스민	상상력을 강하게 해주면서, 우리의 근심 걱정을 덜어주고, 이해력을 높여주며, 기력을 차리게 해준다.
마조람	마음을 고요하게 해준다; 감각적 유입을 누그러트리고 성적 욕망을 가라앉혀 준다.
귤	전반적인 균형감을 회복시켜 준다; 일상 업무를 지적으로 처리하는 능력을 향상시켜 준다
니아울리	성적인 감각을 자극하여 열정적으로 만들어주며, 자신을 내려놓고 헌신하게 만든다.
오렌지 꽃	심적, 정서적 안정성을 높여주고, 자기확신과 영감으로 우리에게 힘을 준다.

페퍼민트　　　마음을 정돈시키고, 새로운 관점에 문을 열어준다;
　　　　　　　강력한 활기를 준다.

장미　　　　　부추기고 자극한다; 우리를 더 적극적으로 만들어준다;
　　　　　　　모든 종류의 감각지각에 대한 이해를 높여주고 동시에
　　　　　　　자아를 초월하는 수준까지 감각지각을 끌어올려 준다.

백단향　　　　고요함과 조화를 가져다주고, 때때로 행복감을 고취시
　　　　　　　켜 준다; 상상력과 성적인 욕망을 자극하고, 창조력을
　　　　　　　증진시켜 준다.

버베나　　　　마음과 집중력을 고취시키고, 사고능력을 가속화하며,
　　　　　　　유대와 자기확신을 강화시킨다.

베티베리아향초　균형을 찾아준다; 더 단호하게 행동하게 만들어주고 동
　　　　　　　시에 관용과 인내의 수준을 높여준다.

일랑일랑　　　균형을 찾아준다; 성난 감정을 가라앉혀 주고, 분노와
　　　　　　　좌절의 느낌을 진정시켜 준다; 해방의 감각, 감각적인
　　　　　　　활성화의 느낌을 가져다준다.

라벤더는 다음의 향기들과 잘 어우러집니다.

베르가못, 버베나, 제라늄, 자스민, 캐모마일, 소나무, 마조람, 귤, 클라리 세이지, 정향, 니아울리, 네롤리유, 오렌지 플라워, 장미, 백단향, 포도, 페퍼민트, 베티베리아향초, 일랑일랑, 시나몬, 눈잣나무, 레몬.

7
Magic and Power
Lavender

향료로서의 라벤더

라벤더는 조향사(향수제조가)들이 가장 좋아하는 재료입니다. 라벤더의 향기는 우리 대부분이 익숙하게 알고 있습니다. 그 향기는 우리의 정원에서나 고급비누 속에, 할머니의 침실 혹은 공기청정기 속에도 존재합니다. 우리들 대부분은 이 널리 사용되는 향수의 재료를 금방 알아챌 수 있습니다. 그러나 그것을 묘사하는 것은 가능할까요? 혹은 더 정확하게 말하자면, 그 향기가 무엇인지 우리 모두가 동의할 수 있을까요? 라벤더는 신선하고, 상쾌하고, 자극적이고, 꽃 같고, 약초 같고, 달콤하고, 자연처럼 푸르고, 소나무 같고, 이끼 같습니다. 물론 라벤더는 이 모든 특성들을 가지고 있습니다. 그러나 라벤더는 또한 그 이상입니다. 형용사만으로는 라벤더의 본질, 그 '에센스'를 잡아내는 데 충분하지 않습니다. 라벤더가 조향사들에게 그렇게 인기가 높고 또 다용도로 사용되는 이유가 바로 이 다양성, 즉 넓은 '향기 프로파일'에 있는 것입니다.

향기 만들기

조향사는 작곡가와 비슷합니다. 간단한 아이디어로부터 시작해 특정 주제에 어울리는 화음이 만들어집니다. 여기에 논리적 테크닉과 비논리적 영감과 창조성이 결합하여 마지막 조각이 완성됩니다. 좋은 향수는, 아름다운 여성을 돋보이게 하든지 혹은 새로 나온 욕실 세정제의 힘을 강조해주든지 간에, 훌륭한 음악과 같은 것으로 엄청난 노력과 좌절의 결과물입니다.

창조의 과정에는 조향사가 스스로 기준으로 삼을 만한 어떤 준거점이 필요한데 그는 이를 통해 그의 아이디어가 얼마나 발전한 것인지 판단할 수 있습니다. 라벤더가 그러한 하나의 준거점이 됩니다. 여기에 장미나 자스민이 포함될 수도 있습니다. 다시 말하자면, 이것들이 바로 향수 제조의 주요한 기본구조단위가 되는 것입니다.

향수 재료로 사용되는 라벤더가 어떻게 생산되는지에 대해서는 이 책의 다른 곳에서 다루고 있습니다. 그러나 지리상의 위치(그리고 고도까지도)상 다른 곳에서 생산된 라벤더 오일은 모두 각각 다른 향기가 나고, 대부분의 조향사들이 그들이 가장 좋아하는 라벤더를 따로 가지고 있다는 사실은 지적할 필요가 있습니다. 그의 책 『향수재료에 대한 소책자』에서 후고 야니스틴은 여러 지역의 서로 다른 라벤더 오일들의 독특한 성질에 대해 묘사하고 있습니다. "같은 프랑스라 하더라도 압트 지역의 에센스는 두드러지게 버섯의 향기가 나고, 디오의 에센스는 야생사과를 떠올리게 하며, 뤼브롱의 에센스는 확실하게 초록의 꽃 같은 느낌이 지배적이다." 영국의 오일은, 공급되는 물량이 적지만, 유럽대륙의 오일과는 상당히 다릅니다. 그것은 두드러지게 더 장뇌향의 느낌이 강합니다. 유럽대륙의 오일은 더 달콤하고, 꽃 같으며, 보통 에스테르 성분이 38/40이나 40/42 혹은 48/50으로 제공되어 팔립니다.

이로부터 우리는 아래의 상당히 간단한 조합의 라벤더 화장수도, 다양한 질을 가진 다른 라벤더로 대체된다면 그에 따라 상당히 다른 향기가 날 것이라고 생각해 볼 수 있습니다.

	% / 무게
라벤더 오일 38/40	70
라벤더 앱솔루트	10
레몬 오일	5
오렌지 오일	5
오포포낙스 추출물	2
통카 앱솔루트	3
정향 꽃봉오리 오일	1
화이트 타임 오일	1
세이지 오일	1

위 레시피에 따라 라벤더는 이 화장수의 가장 주요한 성분이 됩니다. 첨가되는 다른 재료들은 화장수의 신선함과 달콤함, 지속시간 등을 증진시켜 줍니다. 많은 다른 재료들이 향기 프로파일의 여러 측면을 향상시키기 위해 사용될 수 있습니다. 그렇지만 라벤더를 대체할 수 있는 재료는 거의 없습니다.

라벤더 향수에 라벤더가 필수적이라는 것은 당연한 사실이지만, 더불어 라벤더는 그 범용성과 다양한 향기 프로파일 덕분에 사실상 모든 종류의 향수에 필수적인 재료가 됩니다. 가볍게 일상적으로 뿌리는 향수에서부터 가장 진하고 유혹적인 동방의 밤을 위한 향수에까지 사용되는 것입니다. 그렇기에 라벤더는 아주 배타적인 향수전문 부티크에서도 발견할 수 있고, 슈퍼마켓의 소박한 가정용품 코너에서도 발견할 수 있는 것입니다.

탑노트와 베이스노트로서의 라벤더

조향사는 라벤더를 탑노트와 미들노트, 베이스노트로 모두 사용합니다. 베이스노트에는 앱솔루트가 주로 사용됩니다. 라벤더 앱솔루트는 '증류'가 아니라 석유에테르나 다른 화학적 물질을 이용하는 '추출법'을 통해 얻어집니다. 이런 식으로 얻어진 추출물은 여전히 많은 양의 플라워왁스를 포함하고 있으며, 이것을 '콘크리트'라고 부릅니다. 이 콘크리트를 알코올로 처리하면 왁스 성분이 제거되고, 이것이 바로 앱솔루트입니다.

안타깝게도, 라벤더 오일은 싼 재료가 아니기 때문에, 저가 향수에서는 라벤더가 종종 그 친척뻘인 라반딘과 스파이크 라벤더, 혹은 조향사(화학자의 도움으로)가 합성한 향기가 나는 화학제품 오일로 대체됩니다.

이러한 대체는 비누 같은 것에도 적용됩니다. 비누와 같은 공산품들에서는 대부분 진짜 라벤더의 섬세한 특성이 의미 있게 빛을 발할 수 없고 또 그 불안정성으로 인해 제품의 유통기한 동안 내내 향기를 낼 수 없기 때문입니다. 그렇기에 조향사가 라벤더에 대해 언급할 때 그것은 라벤더 오일이나 앱솔루트뿐만 아니라 대개 라벤더 같은 향기가 나는 자연적이거나 인공적인 물질 모두를 말하는 것입니다.

향수산업분야에서 라벤더는 '푸제아' 타입 향수의 기초가 됩니다. 이끼 향과 여러가지 풀 향이 나는 재료들과 함께, 푸제아는 특히 남성용 향수로 광범위하게 인기를 끌고 있습니다. 사실상 남성용 화장품 시장에서 라벤더를 사용하지 않는 화장품은 거의 없습니다.

라벤더의 신선한 약초와 같은 측면은 레몬이나 라임 같은 감귤류, 로즈마리와 타임 같은 허브류, 그리고 월계수와 피망 같은 매운 오일과도 잘 어울립니다. 그러면서도 라벤더의 달콤한 나무 같은 느낌은 시더우드, 백단향, 베티베리아향초 같은 진한 나무 오일과도 잘 어우러집니다. 남성용품을 만들 때 조향사는 라벤더를 30% 이상 사용합니다. 그러나 그 자체 라벤더 향수가 아니라면, 여성용 향수에서는 그것보다 훨씬 적은 5~10%가 사용됩니다. 여성용 향수를 만들 때 조향사는 자스민, 로

즈, 라일락, 카네이션의 꽃 같은 느낌을 증진시키기 위해 라벤더를 사용합니다. 남성용 향수에서도 라벤더는 나무 오일과 더불어 진한 동방의 발삼향과 함께 사용되는데 그것이 거의 마약 같은 매력을 더해주기 때문입니다. 이 달콤함은 많은 성공적인 향수의 비밀로 특히 라벤더 앱솔루트의 경우 오히려 소량(1% 미만)을 사용할 때 그 느낌이 강화됩니다.

도발적인 힘을 지닌 향기

라벤더는 화장품과 욕실용품으로 사용되는 향수로도 그 중요성을 유지하고 있습니다. '허브' 혹은 '자연'이라는 이름이 붙은 것들은 대개 그 상품의 메시지를 전달하기 위해 라벤더의 향기에 강하게 의존하고 있고, '치료적 효능이 있는' 크림이나 샴푸는 일반적으로 그 효능을 강화시키기 위해 라벤더를 함유하고 있습니다. 가정용품으로 사용될 때 라벤더는 봄날 아침의 태양처럼 작용하여, 그 깨끗함과 신선함이 세탁실, 욕실, 부엌 등을 산뜻하게 만들어줍니다.

 이 여러 가지 것들 속에서 라벤더는 일반적으로 단독으로 사용되기보다는 다른 수많은 향료들과 함께 조합되어 사용됩니다. 그러나 라벤더를 그 자체로 즐기는 것도 가능합니다. 이용 가능한 여러 종류의 라벤더 화장수와 향수들이 있습니다. 라벤더 향기의 넓은 스펙트럼은 라벤더가 사실상 모든 종류의 다른 향료들과 잘 어우러지게 만들어줍니다. 어느 날 라벤더가 더 이상 존재하지 않는 상황을 생각해보십시오! 물론 대체물들이 존재합니다. 그러나 그들 중 어떤 것도 라벤더가 수많은 물품들과 향기에 가져다주는 이 찬란한 빛을 완벽하게 대체할 수는 없습니다. 조향사의 팔레트에서 라벤더가 사라진다면, 자연의 모든 푸르름은 회색빛으로 변하고, 세상은 살아가기에는 너무나 활기 없는 곳이 되어버릴 것입니다.

8

Magic and Power
Lavender

자기만의
라벤더 향수
조합하기

"사람의 마음을 울리는 데는
소리나 광경보다 향기가 더 확실하다."

―러디어드 키플링―

　향수에는 오직 하나의 목적만이 존재합니다. 삶에 대한 우리의 안목을 높이는 것입니다. 나는 이보다 더 고귀한 대의는 존재하지 않는다고 생각합니다. 조향사는 다양한 조합의 향기를 맡고, 섞고 그리고 다시 냄새를 맡아보면서 수주나 수개월 혹은 수년의 시간을 보냅니다. 그리고 그러한 사랑에 가득 찬 노동은 마침내 새로운 향수를 만들어 낼 것입니다. 아마도 그렇게 만들어진 향수는 지금까지 없던 참신한 것이겠지만 또한 묘하게 친숙하게 보일 것입니다. 자신이 만들어진 시대를 향기를 통해 표현한 것처럼, 혹은 당대의 '시대정신'의 숨결처럼 말입니다.

자기만의 향수를 만드는 방법

집에서 간단하게 향수를 조합해보는 작업에는 조향사들이 하는 것 같은 여러 요소들의 복잡한 고려는 필요 없습니다. 당신 스스로의 기쁨을 위해 하는 것이기에 향수의 제조법은 더욱이 쉬워야 할 것입니다. 지금 제시할 이 방법도 대단히 단순합니다. 그러나 이 방법은 전통적인 향수 산업에서와 똑같은 옛날의 방식 그대로의 것입니다.

첫 번째로 해야 할 일은 향기가 나는 띠를 몇 개 만드는 것입니다. 띠의 한쪽 끝에 에센스의 이름을 적고 반대쪽 끝에 그 에센스 한 방울을 떨어뜨립니다. 그리고 나서 각각의 에센스를 바른 띠 세 개를 한 번에 잡고 냄새를 맡아봅니다. 그 아로마향이 원하던 것이 아니라면 세 개 중에 하나를 다른 것으로 바꾸어봅니다. 이것은 매우 쉽고, 재밌으며, 적은 비용으로 실험해볼 수 있는 꽤 괜찮은 방법입니다. 실패한 조합을 버려야 하는 불필요한 낭비가 없기 때문입니다.

새로운 조합의 최종 테스트는, 조합한 향수 두 세 방울을 면티슈에 떨어뜨리고 바로 향기를 맡아보는 것을 통해 진행됩니다. 그 후 한 시간 동안 놔둔 뒤 다시 향기를 맡아봅니다. 그때도 여전히 이 조합이 괜찮은지 시험해 보는 것입니다.

라벤더 화장수

　많은 종류의 향수와 화장수들이 인기가 올라갔던 것만큼이나 빠르게 사라져 갔습니다. 그러나 반대로 라벤더 화장수와 '오 드 꼴롱'은 수 세기 동안 인기를 유지해왔습니다. 예를 들어 잉글랜드에서 라벤더 화장수는 '하이티(티타임)'와 오이샌드위치만큼이나 거의 영국적인 것이 되었습니다.

　라벤더 화장수를 알콜솔루션에 넣어 몇 달 동안 숙성시키면 특유의 상쾌하고 활기를 북돋아주는 향기로 익어갑니다. 순수한 라벤더 화장수는 고전적인 매력을 가지고 있는데, 모든 연령의 여성들의 몸에 배인 순응, 혹은 더 나아가 예법을 지키는 태도와 같은 느낌을 줍니다.

　라벤더는 다른 오일과 섞이면 금방 이런 예의바름과 신중함의 느낌을 잃어버립니다. 그러나 라벤더의 넓은 스펙트럼의 향기 프로파일 덕분에 라벤더는 거의 모든 종류의 오일의 조합과 잘 어우러지기도 합니다.

오 드 꼴롱

라벤더 오일	60방울
베르가못 오일	60방울
레몬 오일	50방울
오렌지 꽃 오일	50방울
시나몬 오일	10방울
로즈마리 오일	20방울

75%알코올 150밀리리터에 섞어준다

라벤더 화장수

라벤더 오일	90방울
라벤더 앱솔루트	1방울
로즈마리 오일	1방울
오렌지 꽃 오일	1방울
제라늄 오일	1방울
벤조인 앱솔루트(80%)	1방울

80%알코올 90밀리리터에 섞어준다

라벤더 화장수는 90%에서 95%의 알코올에 5%에서 10%의 향료만으로 이루어져 있기에 실제로는 '라벤더 알코올'이라고 불러야 할 것입니다.

무언가 착상이 떠오른다면 당신은 자신의 독특함을 표현할 수 있는 자신만의 향수를 쉽게 만들어낼 수 있을 것입니다. 133쪽에 적혀 있는 오일들에 대한 간략한 묘사를 떠올려 보십시오. 이 목록은 당신이 아로마 혼합물의 조합을 고려할 때 많은 영감을 더해줄 것입니다. 만약 재료들을 모두 얻는 것이 어렵다면, 부끄러워 말고 도움을 줄 수 있을 만한 사람에게 연락해보길 바랍니다. 당신이 살고 있는 지역의 모든 사업자들의 목록이 나와 있는 전화번호부 하나면 충분합니다. 게다가 조사를 좀 해보는 것도 재밌을 것입니다. 전화번호부의 부록에서는 주소와 공급처도 알아낼 수 있습니다.

라벤더 향수

라벤더 향수를 얻기 위해서는 라벤더 양을 혼합물 전체 양의 15%에서 30% 정도로 높여주어야 합니다(즉 매개액체 15밀리리터에 25방울에서 50방울의 에센셜 오일을 넣어야 합니다). 이상적인 매개액체로는 높은 순도의 에틸 알코올이 있습니다. 혹은 알코올보다 피부에 더 부드러운 호호바 오일 같은 유동성 왁스도 괜찮습니다.

베이스노트, 미들노트, 탑노트 각각 세 개의 오일로 구성된 단순한 조합부터 시작해보십시오. 이 조합은 당신이 향수를 조합하는 데 기초적 코드가 될 것입니다. 탑노트는 가장 가볍고 휘발성이 강합니다. 미들노트는 따뜻하고 부드럽습니다. 베이스노트는 진하고, 깊으며, 지속되는 울림을 줍니다. 이를 통해 이들은 함께 하나의 완벽한 '화음'을 만들어냅니다.

라벤더는 이 세 가지 노트 모두로 사용될 수 있는 에센스입니다. 만약 라벤더 에센스가 50%이상의 에스테르를 포함하고 있다면 탑노트로 사용될 수 있고, 50%미만의 에스테르를 포함하고 있다면 미들노트로 사용될 수 있으며, 앱솔루트라면 베이스노트로 알맞습니다. 자기만의 라벤더 향수를 조합해보고 싶다면 아래의 탑노트, 미들노트, 베이스노트의 목록에서 자신에게 알맞은 조합을 간추려볼 수 있을 것입니다.

탑노트	미들노트	베이스노트
라벤더 오일	라반딘 오일	라벤더 앱솔루트
베르가못 오일	라벤더 오일	로즈우드 오일
버베나 오일	장미 오일	파출리 오일
레몬그라스 오일	제라늄 오일	벤조인 앱솔루트
레몬 오일	자스민 앱솔루트	백단향 오일
페퍼민트 오일	네롤리 오일	베티베리아 향초 오일
감귤 오일	클라리 세이지 오일	참나무이끼 앱솔루트
	자작나무 오일	통카 앱솔루트
	로즈마리 오일	꿀 앱솔루트

탑노트와 미들노트는 더 많은 양을 사용하고 베이스노트는 조금만 사용하십시오. 푸제아 타입의 향수를 만들려고 한다고 가정해봅시다. 이를 위해 당신은 바탕이 되는 신선하고 허브향이 나는 라벤더와 이끼류 등의 기본재료가 필요할 것이고, 여기에 한두 방울의 다른 탑노트, 미들노트, 베이스노트로 변화를 줄 수 있을 것입니다. 아래의 푸제아 레시피는 당신의 시도에 기초를 제공할 좋은 모델이 될 것입니다.

푸제아 프리베(여성용)

라벤더 오일 48/50	20방울
라벤더 오일 30/20	10방울
라벤더 앱솔루트	1방울
꿀 앱솔루트	1방울
네롤리 오일	1방울
90% 에틸알코올 15밀리리터 혹은 호호바 오일 15밀리리터에 섞어준다	

여러 가지 변형이 가능합니다. 여성스러운 특성을 강조하기 위해 달콤한 향의 오일을 추가해줄 수도 있고, 성욕을 불러일으키는 진한 효과를 가져오기 위해 오리엔탈 향수를 첨가할 수도 있으며, 남성용 향수로 만들기 위해 절도 있는 느낌의 나무향을 더해줄 수도 있습니다.

'푸제아' – 프리베(오리엔탈)

라벤더 오일 48/50	20방울
베르가못 오일	15방울
네롤리 오일	5방울
파출리 오일	1방울
자스민 앱솔루트	2방울
꿀 앱솔루트	2방울
통카 앱솔루트	1방울

90% 에틸알코올 15밀리리터 혹은 호호바 오일 15밀리리터에 섞어준다

'푸제아' – 프리베(남성용)

라벤더 오일 48/50	30방울
자작나무 오일	10방울
버베나 오일	2방울
참나무이끼 앱솔루트	2방울
벤조인 앱솔루트	1방울

90% 에틸알코올 15밀리리터 혹은 호호바 오일 15밀리리터에 섞어준다

짧게 적어보는 향기의 심리학

여러 종류의 라벤더 향기를 최종적으로 정의 내리려고 할 때마다 우리는 라벤더가 스스로 그러한 모든 시도에 완고하게 저항한다는 독특한 문제에 부딪치게 됩니다.

아로마테라피에 대한 장에서 우리는 이미 라벤더 에센스가 진정시키면서 동시에 고취시키는 효과를 갖는다고 주장했습니다. 조향사인 폴 옐니넥은 그의 향기의 심리학에 대한 연구에서 좀 더 정확한 대답을 찾아내기 위해 노력했습니다. 그는 식물 전체를 증기증류하여 얻어지는 라벤더 에센스와 그리고 추출법을 통해 얻어지며 이른바 '라벤더 꽃 오일'이라고 알려진 앱솔루트를 나누어서 연구했습니다.

그의 발견에 따르면 두 물질은 모두 진정시키고 가라앉혀 주는 효과를 가지고 있습니다. 에센셜 오일은 기본적으로 기분을 상쾌하게 만들어주는 효과가 있습니다. 단 에센셜 오일의 리날룰 성분 때문에 그것은 약간의 마취효과를 갖기도 합니다. 앱솔루트는 마취효과가 더 두드러지고 꽃 같은 향기가 납니다. 그러나 라벤더 오일에 포함된 많은 양의 테르펜 알코올은 그 다양한 스펙트럼의 효과 때문에 적절하게 분류될 수가 없습니다. 그것은 성욕을 약화시킬 수도 있고, 마취를 시킬 수도 있으며, 반대로 성감을 자극하기도 합니다.

너무나 다양한 요인들이 관여되어 있기에 라벤더의 심리적 효과는 일반화시키기가 어렵습니다. 라벤더 그 자체가 독특한 것처럼 당연히 각각의 라벤더 에센스도 그 효과에서 독특합니다. 결국 이들 중에 어떤 것을 선택하는가에 따라서 라벤더는 우리의 성적 욕망을 자극하기도 감소시키기도 하는 것입니다.

우리들 대부분은 화학자가 아니고 라벤더 오일에 대한 신뢰할 만한 분석에 필요한 도구를 가지고 있지도 않습니다. 우리는 우리의 코를 믿어야 하고 경험이 우리를 가르치도록 해야 합니다. 그리고 바로 그렇기에 향기를 만들어내는 조향사의 영역을 함께 탐험해보는 것은 큰 즐거움을 줄 것입니다.

9

Magic and Power
Lavender

라벤더를
기르는 방법

　라벤더를 직접 길러보기로 결심했다면 처음 할 일은 씨를 뿌려 기를 건지 아니면 꺾꽂이를 통해 번식시킬 것인지에 대해 결정하는 것입니다. 라벤더를 살 수 있는 곳은 많이 있습니다. 그러나 기르고자 하는 라벤더의 종류에 따라 각 재배자들에게 조언을 구하는게 좋습니다. 이 향기롭고 자줏빛이 나는 꽃을 가진 식물을 선택할 때는 무엇보다 그 에센셜 오일의 성분이 얼마나 좋은지를 가장 중요하게 봐야 합니다. 발아를 통해 키우는 것은 당연히 시간이 더 오래 걸릴 것입니다. 그러나 그것은 당신이 원하는 정확한 품종을 확실하게 고를 수 있게 해줍니다. 예를 들어「서퍽 허브 카탈로그」에서는 여섯 개의 다른 종류의 라벤더를 고를 수 있습니다. 만약 나에게 발아시켜 직접 키우고 싶은 라벤더를 고르라고 한다면 나는 '라벤듈라 베라'를 선택할 것입니다.

　품종을 선택한 후 다음 단계는 흙을 준비하는 것입니다. 라벤더는 강인한 식물입니다. 그래서 일단 기초적인 요구조건들이 갖추어지면 그해 내내 크게 신경 쓸 필요가 없습니다. 라벤더는 가볍고 배수가 잘 되는 알칼리성 토양을 좋아하고 햇볕이 잘 드는 곳에 심어야 합니다. 만약 흙이 너무 기름지거나 무거우면 모래를 섞어서 좀 더 가볍게 만들어줄 수 있습니다. 야생에서는 라벤더가 빗물이 자연스럽게 배출되는 산기슭에서 자란다는 것을 기억해보십시오. 라벤더는 점토에 기초한 토양에서는 잘 자라지 않을 것입니다. 반면에 영국 남부해안 같은 백악질의 토양은 이상적입니다.

처음 몇 년 동안은 비료가 필요 없습니다. 그러나 사용해야 한다면 비료는 봄이 아니라 11월에 뿌리는 게 맞습니다.

칼리 비료는 그것이 꽃의 성장을 촉진한다면 추천될 수 있습니다. 라벤더는 쉽게 잡초로 뒤덮일 수 있기 때문에 가끔씩 제초작업을 해주어야 양분을 빼앗기지 않습니다. 한 그루의 라벤더 혹은 농장 전체에 걸친 실패는 배수불량 때문일 가능성이 큽니다. 웅덩이에 고여서 땅의 표면에 남은 물은 라벤더에 해롭기 때문입니다.

날씨

만약 당신이 허브 정원을 꾸밀 계획이라면 해가 가장 잘 비치는 곳에 라벤더를 심으십시오. 여름 몇 달 동안 더 많은 햇볕을 받을수록 당신의 수확은 더욱 향기로워질 것입니다. 많은 허브들이 햇볕을 직접 받는 것

을 좋아하긴 하지만 각각의 미묘한 특성에 따라 허브들을 잘 섞어주는 것이 가능할 것입니다. 엘리자베스 시대에는 장식을 꾸민 아름다운 정원들을 만들었는데 그중 라벤더는 여러 향기로운 식물들을 둘러싸는 울타리로 사용되었습니다.

라벤더는 자생지인 남프랑스에서는 강인한 식물로 알려져 있습니다. 라벤더는 겨울의 추위에도 강하고 뜨거운 여름도 잘 견뎌냅니다. 그러나 라벤더도 날씨와 관련하여 문제를 겪을 수 있습니다. 건조한 봄은 새싹이 자라나는 것을 방해합니다. 이 문제는 허브 정원에 물을 주는 것을 통해 간단히 극복될 수 있습니다. 그러나 커다란 라벤더 농장에서는 이런 방식의 해결이 실천 가능하지 않습니다. 막을 수 없는 또 다른 날씨 문제가 있는데, 심각한 꽃샘추위는 라벤더 자체를 죽여버릴 수도 있습니다.

스파이크 라벤더 꽃이 피기 시작하는 6월쯤에 시작된 장마가 수확기인 7월과 8월까지 이어지면 오일 산출량의 90%를 잃어버릴 수도 있습니다. 반대로 노퍽 라벤더 농장에 따르면 1989년 영국이 경험한 것 같은 예외적으로 좋은 여름날씨는 50% 이상의 산출량 증가를 가져오기도 합니다.

번식

라벤더는 씨로 번식시킬 수도 있고 꺾꽂이로 번식시킬 수도 있습니다.

교잡을 통해 얻어진 씨는 여러 요소가 다양하고 잡다하게 섞인 꽃을 만들어내지만, 씨를 통해 성장시키면 훨씬 싸고 또 정서적으로도 더 많은 것을 가져다줍니다. 씨는 따뜻하고 촉촉한 곳에 보관해야 합니다. 라벤더 씨는 굉장히 두꺼운 껍질을 가지고 있기 때문에 싹이 트기까지는 여러 달이 걸립니다. 라벤더 씨를 뿌리는 시기는 3월이나 4월 모두 가능합니다.

꺾꽂이를 통한 번식은 '클론' 번식으로 알려져 있고, 이는 식물이 동일한 크기와 높이를 가지는 것을 가능하게 합니다. 이런 특성은 상업적으로 라벤더를 재배하는 사람들에게는 최고의 중요성을 갖는 것이며, 라벤더 울타리나 정원을 꾸미고 있다면 이것은 아마 당신에게도 중요한 문제일 것입니다. 꺾꽂이는 4월이나 10월에 이루어지는데, 약 15센티미터 길이의 곁가지를 아래쪽으로 잡아당겨 부드럽게 꺾어서 얻은 묘목으로 진행합니다.

이렇게 얻어진 새로운 가지를 8센티미터 정도가 밖으로 보이도록 심은 후에 땅을 잘 다져줍니다. 묘목장을 잘 관리하는 것이 중요한데 추운 겨울 동안에는 폴리에틸렌 비닐로 잘 덮어줘야 합니다. 노퍽 라벤더 농장에서는 첫해 겨울 새로 꺾꽂이한 모종들은 비닐하우스에서 서리와 눈으로부터 보호받으면서 지냅니다.

발아를 통해 수천의 교잡종들이 얻어질 수 있고 많은 사람들이 그것에 이름을 붙였습니다. 그중에 원예적으로 중요한 클론들이 특정한 품종으로 알려졌고, 재배식물국제명명법에 따라 이름이 부여되었습니다.

질병

라벤더에 가장 치명적인 병은 포마 라벤듈레라는 기생 곰팡이입니다. 감염의 확실한 첫 표지는 늦은 봄에 나타납니다. 이때 농장의 일정한 구역의 새로 나온 가지들이 노랗게 변하면서 죽어갑니다. 곰팡이들이 한 번 보이기 시작하면 곰팡이는 나무 아래쪽으로 퍼져나가면서 라벤더를 죽입니다. 그리고 그 후 그것은 근처의 다른 라벤더로 번져 나갈 것입니다. 이 곰팡이에는 알려진 치료법이 없습니다. 어떤 품종들은 다른 것들보다 더 저항력이 강합니다. 노퍽 라벤더 농장의 헨리 헤드에 따르면(그는 2년 내에 20만 제곱미터 농장의 라벤더가 죽어가는 것을 지켜보아야 했습니다), 라벤더 교잡품종이 발생적으로 라벤듈라 앙구스티폴리아에 가까울수록 질병에 대한 저항력이 더 크고, 그 교잡품종이 발생적으로 라벤듈라 라티폴리아에 가까울수록 병에 걸릴 가능성이 더 큰 것으로 나타났다고 합니다.

라벤더의 화학적 조성을 다루는 장을 살펴보면, 스파이크 라벤더의 화학적 조성이 트루 라벤더의 조성과 다르다는 것을 알 수 있을 것입니다. 그러므로 우리는 트루 라벤더가 곰팡이로부터 자신을 보호하는 화학적 성분을 가지고 있다고 가정할 수 있고, 스파이크 라벤더와 교잡되었을 때 이 보호물질이 트루 라벤더의 부분으로부터 나온다고도 말할 수 있습니다. 당신의 라벤더에 곰팡이가 생긴다면 물에 티트리 오일을 희석하여 뿌려보십시오. 나는 어떤 보증도 해줄 수 없습니다. 그러나 티트리는 항진균제로 알려져 있고, 칸디다 알비칸스 같은 인간의 곰팡이

진균 감염에 도움을 줍니다. 그러므로 그것은 라벤더에게도 역시 작용할 것입니다.

벌레(해충) 또한 문제가 될 수 있습니다. 그러나 최소한 벌레는 너무 많은 해를 끼치기 전에 제거할 수가 있습니다. 태즈메이니아에서 주된 해충은 작은 나방인데, 나방의 유충은 봄에 새순이 올라올 때 라벤더를 공격합니다. 관리하지 않고 놔두면 나방은 라벤더 잎을 다 갉아먹고 라벤더를 죽여버릴 것입니다. 또 다른 해충은 조그만 나비의 애벌레인데 그것은 꽃을 먹습니다. 봄에 정기적으로 검사만 해준다면, 즉각 제거할 필요가 있는 환영받지 못할 이 벌레가 발생하는지 초기에 쉽게 알아낼 수 있을 것입니다.

가지치기

라벤더는 가지치기를 심하게 해도 잘 자랍니다. 수확을 하자마자 가지치기를 해주어야 하는데, 만약 자유롭게 자라도록 놔둔다면 라벤더는 대략 7년 내에 줄기가 가늘어지고 약해져 버리고 맙니다. 매해 가지치기를 해주는 것은 라벤더의 모양과 활력을 유지하는 데 도움을 줍니다.

수확

어떤 라벤더 재배자들은 라벤더는 꽃이 피기 직전에 수확해야 한다고 말합니다. 그러나 리날릴 아세테이트는 꽃이 피어 있을 때 가장 많이 함유되어 있기 때문에, 꽃이 피기 전에는 에센셜 오일이 최적으로 발달해 있지 않습니다. 반면에 꽃을 너무 오랫동안 수확하지 않으면 꽃은 말라갈 것이고 곧 땅에 떨어져 버릴 것입니다. 7월 중에 기쁜 마음으로 매일매일 라벤더 농장에 찾아가다 보면 당신은 곧 언제가 적당한 때인지 알게 될 것입니다. 언제가 적기인지 당신의 코가 말해줄 것이기 때문입니다.

건조

라벤더를 강렬한 햇볕에 건조시키면 에센셜 오일의 24% 이상이 날아가 버리고 그늘에서 건조시키면 2~10% 정도만 날아갑니다.

라벤더를 건조시킬 때는 라벤더를 다발로 묶은 후에 천장에 매달아 놓으면 됩니다. 떨어지는 작은 꽃송이라도 버리지 않고 싶다면 아래에 종이를 깔아두는 것이 좋습니다. 수확된 라벤더는 자루나 나무 선반에 넣어둘 수도 있습니다. 그러나 이 경우에는 매일 뒤집어줘야 할 것입니다. 건조실은 공기가 잘 통하고 건조해야 하며 가능한 빨리 건조시키는 것이 좋습니다. 꽃이 짓눌리면 오일샘이 파괴되어 에센셜 오일이 새어나와 버리기 때문에 조심히 다루는 것이 중요합니다. 주의 깊게 건조된 라벤더 꽃은 포푸리나 향낭으로 사용되어 그 색과 향기를 여러 해 동안 유지할 수 있습니다.

10
Magic and Power
Lavender

라벤더 소품들

우리는 라벤더를 가지고 매우 다양하고 아름다운 물건들을 만들어낼 수 있습니다. 만약 당신이 꽃과 향기를 사랑한다면 라벤더 또한 사랑하게 될 것입니다. 라벤더의 보랏빛 꽃을 주택이나 아파트를 꾸미는 데 사용할 수도 있고 혹은 포푸리에 라벤더 꽃을 추가할 수도 있습니다.

고대로부터 전해 내려오는 허브에 관한 책들을 통해 다양한 향기의 꽃을 조합하는 많은 기예들을 배울 수 있습니다. 이 두껍고 오래된 문서들(혹은 현대에 재발간된 책들)을 탐구하는 것 자체도 대단히 즐거운 일이고 말입니다.

기억은 향기 속에 스며들어 있고 그만큼이나 필연적으로 향기는 기억을 불러냅니다. 포푸리는 기운이 침체된 가을과 겨울 속으로 봄과 여름의 기억을 가져오는 놀라운 방법 중 하나입니다.

포푸리

레시피만 올바르다면 자기만의 포푸리를 만드는 것은 실제 대단히 쉽습니다. 좋은 재료들이 필요합니다. 건조된 꽃, 약초, 고형제, 에센셜 오일, 그리고 가능한 몇 가지 추가적인 성분들. 이것들을 한데 섞고 장식이 된 보관함에 넣기만 하면 됩니다.

수 세기 동안 라벤더 꽃과 라벤더 오일은 가장 인기 있는 포푸리 재료였습니다. 그러나 만약 당신이 수개월 혹은 몇 년 동안 포푸리를 즐기길 원한다면, 그 구성의 기예를 배우고 익혀야만 합니다. 그러나 첫째는 당신이 사용하는 재료의 질을 확실히 하는 것이 핵심입니다.

물기 있는 포푸리와 건조한 포푸리가 있습니다. 물기 있는 포푸리는 역사와 전통이 가장 길지만 만들기는 더 어렵습니다. 그러므로 만약 당신이 포푸리를 만드는 데 전혀 경험이 없다면 건조한 포푸리로 시작하는 것이 맞습니다.

과정은 언제나 같습니다. 민감한 꽃 표면이 다치지 않도록 주의하면서, 완벽하게 건조된 재료를 서로 섞어주고 거기에 에센셜 오일을 첨가해줍니다. 숙성될 시간을 주기 위해 그 혼합물을 2주간 밀폐된 보관함에 넣어둡니다. 어둡고 시원한 장소가 좋을 것입니다. 시간이 지날수록 재료들은 조심스럽게 섞일 것이고, 이 숙성의 과정은 모든 향기들이 조화롭게 섞이도록 만들어줍니다. 2주 후면 포푸리는 그릇이나 바구니에 넣을 수 있게 준비가 됩니다. 이제 당신이 원하는 곳에 놓아두기만 하면 됩니다.

라벤더 포푸리

라벤더 꽃	210g
야생 아욱꽃	90g
수레국화	30g
통 정향	30g
시나몬 껍질	30g
정향 가루	15g
시나몬 가루	15g
독일붓꽃 뿌리 가루	30g
라벤더 오일	25방울

이것은 전통적으로 내려오는 포푸리를 약간 변형시킨 것입니다. 여기에 아름다운 '푸른 밤의 세레나데'의 느낌을 만들어내기 위해 보랏빛 라벤더, 진보라의 아욱꽃, 푸른색 수레국화를 섞어줍니다. 물론 이 포푸리에 여러 다른 재료들 또한 사용할 수 있습니다. 좋은 고형제는 내구성을 위해 필수적입니다. 만약 원한다면 독일붓꽃 뿌리를 안식향이나 베티베

리아 향초, 소합향, 플로렌스 노란꽃창포 뿌리 가루, 참나무 이끼로 대체할 수 있습니다.

10 라벤더 소품들

포푸리가 향기를 잃기 시작했을 때는 에센셜 오일 몇 방울을 첨가해 주기만 하면 됩니다.

포푸리 그라스

라벤더 꽃	210g
파출리 잎	90g
무궁화 꽃	60g
장미 꽃	60g
아니스	30g
로즈마리 가루	15g
시더우드	60g
독일붓꽃 뿌리 가루	30g
라벤더 오일	20방울
파출리 오일	10방울

이 포푸리는 지역 향수업자들이 동방으로부터 향신료와 오일들을 배에 실어오던 때의 그라스, 남 프로방스에 있던 이 고대 도시의 거리를 가득 채우던 향기를 되살려 놓을 것입니다. 평온을 가져다주는 이 동방의 향기는 흥분으로 가득한 현대에 살고 있는 우리들까지도 안정시켜 줄 수 있는 힘을 가지고 있습니다.

포맨더

내가 포맨더를 처음 직접 본 것은 스코틀랜드의 '파인드혼 만'에서였습니다. 어느 날 나는 길을 묻기 위해 마을에 있는 한 집에 들어갔습니다. 부엌에서는 한 여인이 오렌지에 정향을 붙이고 있었는데 나는 그 이유가 궁금했습니다. 내가 물어보자 그녀는 나에게 포맨더에 대해 이야기하면서, 자기는 추운 겨울날 포맨더를 부엌 벽에 매달아 놓는 것을 좋아한다고 말했습니다. 그러면 포맨더는 창문이 닫혀 있을 때도 공기를 쾌적한 향기로 가득 채운다고 했습니다. 그녀의 방에서 풍기는 향기가 그 효과를 증명해주고 있었습니다.

소위 좋았던 옛적에 포맨더는 상아나 금 혹은 은으로 만들어진 값비싼 둥근 공이었습니다. 이 공은 세공을 통해 화려하게 장식되었고 향신료와 동물성 향기가 나는 고형제로 채워졌습니다. 오늘날 우리는 대신에 오렌지, 레몬, 라임을 사용하고, 그 안을 향기로운 정향으로 채운 후 다양한 향료가 섞인 곳에 놓아 건조시킵니다. 그러면 과일이 시들면서 딱딱해집니다. 이것은 늘 나에게 고대 이집트에서 미라를 만드는 과정을 떠올리게 만드는데, 미라는 나트론이라는 천연소금과 다양한 에센셜 오일로 시체를 완벽하게 탈수시켜서 만들어냅니다. 그러면 에센셜 오일의 살균, 살곰팡이물질이 박테리아에 의한 그 어떤 더 이상의 부패도 막아줍니다. 에센셜 오일은 포맨더 안에서 근본적으로 같은 방식으로 작동합니다. 다른 향료들은 향기를 더 좋게 하는 역할만을 할 뿐입니다.

라벤더 포맨더

오렌지	1개
정향	100~200개
라벤더 오일	30방울

정향을 밀폐된 용기에 넣고 라벤더 오일을 뿌려 뚜껑을 닫아 놓으십시오. 하루 이틀 동안 오일이 정향에 은근하게 흡수되면 정향을 오렌지에 박아넣으세요. 정향은 서로 가깝게 놓여야 하겠지만 서로 닿지는 않아야 합니다. 포맨더를 걸어놓길 원한다면 리본을 달기 위한 띠 자리 두

개를 남겨놓아야 합니다. 정향으로 포맨더를 장식한 후에 아래 향료의 혼합물이 있는 곳에 놓아두십시오.

시나몬 가루	60g
정향 가루	30g
육두구 씨 가루	5g
독일붓꽃 뿌리 가루	15g

향료를 섞어서 그 향료의 일부를 접시에 붓고 포맨더를 올려놓은 후 나머지 향료로 덮습니다. 크기에 따라 건조에는 2주에서 한 달 정도가 걸릴 것입니다. 건조시키는 동안 포맨더를 간간이 뒤집어줘야 합니다. 나중에는 이 과일이 훨씬 작고 딱딱하게 변할 것입니다.

라벤더 샤셰

샤셰는 행주, 수건, 이불, 속옷, 외투나 그 외 당신이 원하는 모든 것들에 향기가 스며들도록 찬장이나 서랍에 넣어둘 수 있습니다. 샤셰는 옷장이나 서랍장에 잘 들어갈 만하게 조그만 크기로 만드는 것이 좋습니다.

라벤더 샤셰	
녹말 가루	90g
독일붓꽃 뿌리 가루	15g
라벤더 오일	15방울

녹말이나 활석 가루를 넓적한 접시에 붓고 라벤더 오일을 첨가한 후 손가락으로 잘 저어 샤셰에 채워줍니다. 샤셰를 구할 수 없다면 하나 만들면 됩니다. 두껍게 짜여진 천 50cmx5cm 한 조각을 가져와 길이로 접어서 바느질한 후 꿰맨 자국이 보이지 않도록 뒤집어 깔대기를 이용해 샤셰를 채웁니다. 마지막으로 예쁜 리본으로 샤셰를 묶으면 됩니다.

좀나방 퇴치용 샤셰

위의 레시피를 약간 변형시켜 좀나방을 쫓아내는 샤셰를 만들 수 있습니다. 위의 가루에 라벤더 15방울 대신에 소나무 오일 10방울과 라벤더 오일 10방울을 섞어줍니다. 예전에는 옷장을 소나무로 만들기도 했기에 좀나방 문제는 자동적으로 해결되었습니다.

라벤더 베개

숙면을 취할 수 있게 해주는 사랑스러운 방법 중 하나는 베개를 라벤더 향으로 가득 채우는 것입니다. 라벤더 베개를 만드는 다양한 방법이 있습니다.

베개 속에 라벤더 오일을 적신 솜뭉치를 넣어보십시오.

양모나 방수천으로 된 2개의 직사각형 모양의 헝겊을 가져오세요. 바느질 자국이 보이지 않도록 가장자리 세 면을 꿰맨 후 뒤집어서 라벤더 오일을 흡수시킨 솜뭉치와 라벤더 꽃으로 채웁니다. 이 작은 베개에 머슬린, 실크, 가벼운 양모 같은 좀 더 좋은 재질의 커버를 씌울 수도 있습니다. 향기가 약해지면 베개를 세게 쥐어짜 보거나 아니면 향기를 먹인 솜뭉치를 좀 더 넣어주면 됩니다.

수를 놓거나 염색을 할 수 있는 여러 크기의 베개를 만들어서 라벤더 꽃으로 채워보십시오. 라벤더 꽃을 모직물 사이에 겹겹으로 넣으면 잠을 방해할 수도 있는 어떤 바스락거리는 소리도 나지 않을 것입니다. 아름다운 직물로 베개를 만든다면 아마 선물로 하기에 이상적인 소품이 될 것입니다.

안락의자의 재질이나 디자인에 어울리게 만든, 향기가 나는 쿠션을 '새들백'이라고 부릅니다. 새들백은 말안장에 달아놓는 가방처럼 의자의 뒤쪽에 걸쳐놓습니다. 새들백은 다양한 종류의 향기로운 재료들로 채워져 있기에 의자에 앉는 사람들은 분명 향기로운 아우라에 기분 좋게 둘러싸일 것입니다.

라벤더 패것

라벤더가 자라 꽃이 피면 줄기째로 잘라와서 잎을 제거하십시오. 그 다음 꽃다발 바로 아래를 실로 묶고 줄기가 꽃을 둘러싸도록 구부리세요. 마지막으로 줄기를 실로 고정하고 라벤더 다발('패것faggot'이라고 불립니다)을 건조시키십시오. 건조되면 얇은 라벤더 색의 긴 리본과 라벤더 줄기를 엇갈려 짜면 됩니다. 전통적인 '라벤더 국가'인 프랑스와 영국에서는 이 '패것'이 매우 인기가 많았습니다. 오늘날에는 포푸리와 허브의 인기가 높은 일본에서도 만들어지고 있습니다.

기타 등등

겨울이 오면 솔방울에 라벤더 오일 두 방울을 떨어뜨려 벽난로나 나무스토브에 태워보십시오. 기분 좋은 향기가 방 안을 가득 채울 것입니다. 더 많은 실험을 해보고 싶다면 솔방울에 라벤더와 시나몬을 같이 떨어뜨려주거나 라벤더와 오렌지, 라벤더와 정향의 조합을 시도해볼 수도 있습니다.

라벤더 오일은 기름자국을 전혀 남기지 않기에 속옷장 바닥에 깔아놓는 종이에 몇 방울 떨어뜨려놔도 괜찮습니다. 혹은 향기와 더불어 상쾌한 느낌을 주기 위해 라벤더를 다른 종류의 오일들과 함께 사용할 수도 있습니다.

공기청정기의 흡입팬은 대개 폼플라스틱으로 덮여 있습니다. 그곳에 라벤더 몇 방울을 떨어뜨려 보십시오. 그러면 향기가 방 안을 부드럽게 채울 것입니다. 벼룩시장에 가면 유약을 바르지 않은 초벌 도자기로 만든 방향기가 아직 있을 것입니다. 방향기에 라벤더 오일을 채우면 향기는 오일이 스며드는 쪽을 통해 공기 속으로 퍼져나갈 것입니다.

라벤더의 줄기에도 약간의 에센셜 오일이 포함되어 있습니다. 포푸리나 기타 다른 용도로 꽃을 사용한 후에, 줄기를 버리지 말고 한데 모아 근사한 리본으로 묶어서 괜찮은 곳에 놓아두십시오. 신발장이나 다락이 좋을 것입니다. 작게 잘라서 샤셰에 넣어주는 것도 좋습니다.

직접 가구광택제를 만들 수도 있습니다. 60g의 콩오일에 밀랍 5g을 첨가하여 중탕냄비에 녹인 후 라벤더 오일 10방울을 넣어주십시오. 단단하게 식을 때까지 저어준 후 딱 맞는 뚜껑이 있는 그릇에 놓아둡니다. 이 광택제는 너무 과하지 않게 조금씩 아껴서 사용해야 합니다. 가구에 바른 뒤에 양모 헝겊으로 문질러 광택을 내세요.

라벤더 녹말풀을 만들려면, 쌀녹말 90g, 붕소 5작은술, 스테아르산 1/2작은술을 절구에 넣은 후, 라벤더 오일 10방울을 첨가하여 절구공이로 완전히 섞어줍니다. 세탁기에는 3작은술을 넣어주고 손세탁 시에는 한 대야에 1작은술의 비율로 넣어줍니다.

만약 당신이 건조기로 세탁물을 말린다면 에센셜 오일이 옷에 스며들게 만들 수 있습니다. 부엌용 직물들이나 타월 등에는 라벤더를 사용할 수 있고, 침대보와 커버에는 라벤더, 장미, 자스민, 일랑일랑을 사용할 수 있습니다. 남성용 옷에는 시더우드나 베티베리아 향초를 사용합니다. 각각의 옷에 알맞은 오일을 사용하여 세탁물에 적절한 향이 배도록 주의하십시오.

사랑하는 사람에게 향기가 스민 잉크로 편지를 쓰는 것은 너무나 로맨틱한 경험입니다. 라벤더 에센스 몇 방울을 향기가 딱 좋을 정도로 잉크포트에 넣어주십시오(당신이 좋아하는 아무 색이라도 괜찮겠지만 아마 밝은 청색이 더 좋을 것입니다). 잉크에 물을 좀 섞어 색을 좀 더 은은하게 만들어줄 수도 있습니다.

11

Magic and Power
Lavender

라벤더 오일 적용표

	순수한 오일을 바른다	아로마램프	찜질	희석시켜 씻어낸다	관수	안구세정	얼굴마사지	허브베개	흡입	마사지	구강세정	탈지면에 뿌려서	탐폰에	향수	좌욕
여드름					●		●								
공기청정용		●													
불안		●					●							●	●
무좀	●														
구취				●											
화상(응급처치)			●												●
수두				●											
감기									●						
결막염						●									
경련			●												●
급성 폐쇄성 후두염									●	●					
베인 상처(응급처치)	●			●											
방광염				●											●
귀앓이												●			
습진				●											●
고열			●	●											
잇몸(출혈/통증)	●			●							●				
두통			●	●											
땀띠			●												●
고혈압			●				●								●
면역(낮을 때)								●							●
독감			●												●

	순수한 오일을 바른다	아로마램프	찜질	희석시켜 씻어낸다	관수	안구세정	얼굴마사지	허브베개	흡입	마사지	구강세정	탈지면에 뿌려서	탐폰에	향수	좌욕
벌레물림	●														
불면증	●	●													●
시차															●
냉증				●											●
근육통										●					●
근육경련										●					●
구강궤양	●										●				
코피	●														
생리통			●												
반려동물				●											
귀걸이 통증	●														
흉터										●					
피부보호							●								
뱀물림(응급처치)	●														
사마귀와 뾰루지	●						●								
족집게 등을 소독	●														
스트레스		●								●	●				●
튼살										●					
이가 나는 아기															●
칸디다(질염)				●									●		
치통			●												
멀미									●						
상처소독				●											

찜질	뜨거운 물을 받은 대야에 3~4방울의 라벤더를 떨어뜨립니다. 깨끗한 수건을 물에 담근 후 짜서 환부에 올려놓습니다.
관수	따뜻한 물에 20방울의 라벤더를 넣고 잘 섞어줍니다.
안구세정	미지근한 물 한 컵에 라벤더 오일 한 방울을 넣고 잘 섞은 후 충분한 양을 안구세정기에 부어줍니다.
허브 베개	당신이 가지고 있는 일반적인 베개 아래에 라벤더 꽃으로 만든 조그만 베개를 놓아두거나 혹은 베개의 가장자리에 몇 방울의 라벤더 오일을 떨어뜨려줘도 좋습니다.
흡입	뜨거운 물을 담은 대야에 3~4방울을 떨어뜨린 후 널따란 수건으로 머리와 대야를 둘러싸고 5분 동안 깊이 들이마십니다.
내복	한 스푼의 설탕이나 조그만 잔의 꿀물에 1~2방울 떨어뜨립니다.
마사지	식물성 오일에 2%의 라벤더 오일(혹은 라벤더와 다른 에센스의 조합)을 섞어 줍니다.

향수	100방울의 호호바 오일(1작은술)에 라벤더 오일 5방울을 섞어서 손목이나 목에 발라줍니다.
좌욕/목욕	좌욕기나 혹은 물을 받은 대야에 라벤더 에센스 6방울을 첨가하거나(좌욕), 가득 채운 욕조에 6방울을 떨어뜨리고(목욕) 잘 섞어줍니다.
탐폰	몇 방울의 라벤더를 탐폰에 뿌린 후 밤에 잠을 잘 때 넣어둡니다.

12

Magic and Power
Lavender

방문 가능한 라벤더 농장

7월과 8월만 가능

Norfolk Lavender

Caley Mill

Heacham

Kings Lynn

Norfolk, England

The Jersey Lavender Farm

Rue de Pont Marrquet

St Brelades

Jersey

참고문헌

영문저작

- Amerding, George: The Fragrance of the Lord, San Francisco, 1979
- Beedell, Suzanne: Herbs for Health and Beauty, Sphere Ltd., 1972
- Bethal, May: The Healing Power of Herbs, Wilshire Book Co., Wilshire, Calif., 1973
- Bremness, Leslie: The Complete Book of Herbs, Dorling, Kindersley, 1988
- British Herbal PHarmacopeia, British Herbal Medicine Association, 1979
- Clark, Oliver: Never Catch Colds Again, Health Science Press, 1979
- Colin, Claire: Of Herbs and Spices, Abelard Schumann, 1961
- Culpeper, Nicholas: Culpeper's Complete Herbal, W. Foulsham & Co, 1983
- Duke, James: A Handbook of Medicinal Herbs, CRC Press, 1929
- Gattefosse, Rene-Maurice: Formulary of Perfumery and Cosmetics, Chemical Publishing Company, New York, 1959
- Genders, Roy: History and Scent, London, 1972
- Griggs, Barbara: Green Pharmacy, Jill Norman & Hobhouse, 1981
- Guenther, Ernest: The Essential Oil, D. van Nostrand & Co. Ltd., 1952
- Hemphill, Rosemary: The Penguin Book of Herbs and Spices, 1966
- Heriteau, Jacqueline: Potpourris and other Fragrant Delights, Penguin, 1978
- Hills, Lawrence: Herb Growing the Organic Way, Henry Doubleday Research Association, 1983
- Humphrey, John: The Pharmaceutical Journal of Formulary, The Pharmaceutical Journal Office, 1904
- International Journal of Aromatherapy, Vol. 1, No. 2, The Tisserand Aromatherapy Institute

- Kirihara, Haruko, Herbal Craft, 1988
- Law, Donald: Herbal Teas for Health and Pleaure, Health Science Press, 1968
- Lawrence, Brian/Tucker, Arthur: "Herbs, Spices, and Medicinal Plants Recent Advances in Botany", Horticulture and Pharmacology, Vol. 2
- Leung, Albert: Encyclopedia of Common Natural Ingredients Used in Food, Drugs and Cosmetica, John Wiley & Sons, 1980
- Levy, Juliette de Bairacli: The Illustrated Herbal Handbook, Faber & Faber, London, 1974
- Lucas/Stevens: Book of Recipes, J & A Churchill
- Mills, Simon: The Dictionary of Modern Herbalism, Thorsons, 1985
- Maury, Marguerite: Guide to Aromatherapy, C.W Daniels, Saffron Walden, 1989
- Potters New Encyclopedia, Health Science Press, 1907
- Presting, Sally: The Story of Lavender, Heritage in Sutton Leisure
- Ramstad, Egil: Modern Pharmacognosy, McGraw–Hill, New York, 1959
- Rimmell, Eugene: The Book of Perfumes, Champman & Hall, 1865
- Rose, Jeanne: Your Natural Beauty, Kerats Publ., 1978
- Rovesti, Paolo: Of Perfumes Lost
- Sagarin, Edward: The Science and Art of Perfumery
- Stanway, Andrew: Alternative Medicine Penguin, 1980
- Thomsons, C.J.S: Mystery and Lure of Perfume, Bodley Head, 1929
- Tisserand, Robert: Aromatherapy: To Heal & Trend the Body, Lotus Press, 1988
- Toller, S/Dodd, G: Perfumery – The Psychology and Biology of Fragrance, Chapman & Hall, 1988
- Trease, G.E/Evans W.C: Pharmacognosy, 1934
- Wagner H/Bladt S/Zagindski E.M: Plant Drug Analysis, Springer, 1983

- Walker, Benjamin: Encyclopedia of Metaphysical Medicine, Routledge & Kegan Paul, 1978
- White, Edmund/Humphrey, John: Pharmacopeia, 1901
- Wise, Rose: "Flower Power", Nursing Times, May 1989

불문저작

- Balz, Rudolphe: Les Huiles Essentielles, 1986
- Meunier, Christiane: Lavandes et Lavendins, Edisud, Aix-en-Provence, 1985
- Rouviere, Andre/Meyer, Marie-Claire: Les Huiles Essentielles, M.A Editions, 1983
- Thau, Jeannine Pierre Du: D'Autres Souvenirs de la Cite des Parfumes, Nizza, 1986

독문저작

- Breindl, Ellen: Das große Gesundheitsbuch der Hildegard von Bingen, Paul Pattloch, Aschaffenburg, 1983
- Freud, Sigmund: Gesammelte Werke in chronologischer Ordnung, Band 7, London, 1941
- Gildemeister, Eduard: die atherischen Ole, akademie Verlag, Berlin 1956
- Horn, Effi: Parfum – Zauber und Geheimnisse der Duftstoffe, Verlag Mensch und Arbeit, Munchen, 1967
- Janistyn, Hugo: Handbuch der Kosmetika und Riechstoffe in 3 Banden, Heidelberg, 1969-1978
- Jellinek, Paul: Praktikum des modernen Parfumeurs, Alfred Huthig Berlag, Freiberg, 1960
- Jellinek, Paul: Parfum undEros, Baierbrunn, 1980

- Jellinek, Paul: Die psychologischen, Grundlagen der Parfumerie, Alfred, Huthig Berlag, Heddelberg, 1965
- Jung, Carl Gustav: Mysterium Coniunctionis, Gesammelte Werke Band 14/2, Walter Verlag, Olten
- Jubeczka, K.H: Workommen und Analytik atherischer Ole, Thieme Verlag, Stuttgart, 1979
- Launert, Edmund: Parfum und Flalons, Callway, Munchen, 1985
- Launert, Edmund: Duftspendende Pflanzen, Baierbrunn, 1985
- Muller, Irmgard: Die pflanzlichen Heilmittel Bei Hildegard von Bingen, Otto Muller Verlag, Salzburg, 1982
- Muller, Arno: Die physiologischen und pharmakologischen Wirkungen atherischer Ole, Heidelberg, 1951
- Reger, Karl-Heinz: Hildegard-Medizin, Goldmann Verlag, Munchen, 1984
- Treffer, Gerd: Grasse – Stadt in der provence, Bamberg, 1980

더 읽어볼 만한 글들

- Jackson, Judith: Scentual Touch — The Time Honoured Art of Massage with Fragrant Oils and Herbs, Fawcett Columbine, New York, 1986
- Junemann, Monika: Enchanting Scents — The Secrets of Aromatherapy, Lotus Light, Wilmot, WI., 1988
- Maury, Marguerite: Guide to Aromatherapy — The Secrets of Life and Youth, C.W Daniel, Saffron Walden, 1989
- Price, Shirley: Practical Aromatherapy — How to Use Essential Oils to Restore Vitality, Thorsons, Wellingborough, 1987
- Tsserand, Maggie: Aromatherapy for Women, Thorsons, Wellingborough, 1985 and 1990
- Tisserand, Robert: The Art of Aromatherapy, C.W Daniels, Dondon 1977
- Tisserand, Robert: Aromatherapy: To heal & Tend the Body, Lotus Press, Twin Lakes, WI, 1988
- Van Toller, Steve & Dodd, George (eds.): Perfumery — The Psychology and Biology of Fragrance, Chapman & Hall, London, 1988
- Valnet, Jean: The Practice of Aromatherapy, C.W Daniels, Saffron Walden, 1980

역자 후기

박하균
태극권연구소 콘트롤로지&라벤더 필라테스 대표
번역가
라벤더 농부
서강대학교에서 공부했음
전라남도 장흥 출신

강화도로 내려온 지 어느덧 육 년째가 되어 갑니다. 내려온 둘째 해에 갖가지 씨앗을 마당과 텃밭에 뿌렸습니다. 병아리콩, 바질, 딜, 라벤더, 도라지 등등. 그 중 가장 기대를 했던 것이 라벤더입니다. 그러나 기대와 달리 라벤더는 도무지 싹틀 기미가 보이지 않았고 씨앗들 대부분은 특유의 달콤한 향을 내면서 썩어만 갔습니다. 인터넷을 통해 라벤더의 발아율이 극도로 낮다는 정보를 얻은 후라 거의 체념한 채 몇 달이 지나갔습니다. 그러다 그해 7월 즈음, 마당에 뿌려진 수백 개의 씨앗 중 예닐곱 개의 싹이 올라왔습니다. 그리고는 몇 송이 꽃까지 피웠습니다.

그해 늦가을 인터넷에서 얻은 약간의 정보를 가지고 라벤더 꺾꽂이를 시작했습니다. 이렇게 번식시키니 하나의 모종에서 열 개가 넘는 새로운 모종을 얻을 수 있었습니다. 그 다음 해에는 꽃이 꽤 많이 피었기에 올리브오일에 꽃을 담가 인퓨전 오일을 만들어보았습니다. 딱히 효능을 기대했다기보다는 향을 오래 간직하고 싶었고, 왠지 마녀라도 된 듯한 즐거움이 있었기 때문입니다. 그 해 여름 모기가 등장하기 시작할 즈음에, 냉장고에 넣어두었던 라벤더 인퓨전 오일을 꺼내서 물린 곳에 살짝 발라보았습니다. 일 분도 지나지 않아 가려움을 전혀 느낄 수 없었고, 내 몸이 못 미더워 아내에게도 발라보았습니다. 우리 모두 깜짝 놀랐지요.

나는 라벤더에 더욱 매혹되어 라벤더 농장을 만들 꿈을 꾸며 라벤더에 대한 정보를 찾아보았지만 국내 문헌에서는 그다지 신통한 정보를 얻을 수 없었습니다. 그 사이 아내는 에센셜 오일과 아로마테라피에 관한 책들을 구해서 읽고 있었고, 그 책들의 저자 중에서 마기 티설랜드라는 이름을 발견할 수 있었습니다. 그리고 라벤더와 티설랜드를 같이 검색하던 중 우연히 그녀의 책을 만날 수 있었습니다. 그녀가 라벤더에 대한 책을 썼을 거라는 묘한 예감이 있었거든요.

라벤더의 역사에서부터, 라벤더를 어떻게 키우고, 어떻게 일상에서 활용할지까지 라벤더에 대해 궁금해하던 거의 모든 것이 이 책에 있었습니다. 책에 나온 라벤더의 다양한 효능과 사용법을 직접 몸에 시험해 보면서, 하루에 한 장씩 재미 삼아 번역하던 것이 어느새 책으로 나오게 되었습니다. 본격적인 출간 협의를 위해 책의 저자인 마기 티설랜드와도 이메일을 주고받는 행운을 얻게 되었고요. 수십 통의 메일이 오가니 어느덧 그녀와 친구라도 되버린 듯합니다.

지면을 빌려 이런 기회를 준 행복에너지 권선복 대표님께 감사드립니다. 늘 라벤더의 마법같이 효능이 함께하길 빕니다.

『라벤더, 빛의 선물』
해설의 글

이택우

연세대학교 경영대학원 경제학석사
미국 Vanderbilt University MBA 학위취득
산업은행 20여 년 근무
캐나다 이주 후 Investorsgroup 에서 Financial Consultant로 근무
캐나다에서 대규모 라벤더 농장 운영을 위한 회사설립
농장소재지: 대서양 연안 섬 Prince Edward Island

먼저 행복에너지 출판사 권선복 대표님과 원서를 훌륭하게 번역해주신 박하균 역자께서 부족한 저에게 해설을 맡겨주신 점에 대하여 본 지면을 빌려 깊은 감사를 드립니다.

이 책을 읽게 되면 믿기 어려울 정도로 놀라운 단어들을 접하게 됩니다. 예컨대, 기적, 마법, 연금술, 의학, 과학적 탐구, 향수, 영약, 건강, 아름다움, 숙면, 해독, 나폴레옹, 살균, 진정, 재생, 시인과 작가 등과 같은 신비로운 단어들이 모두 라벤더와 연관되어 있다는 사실에 경이로움을 느끼게 됩니다. 마지막 페이지까지 읽어보기 전에는 이 책에서 눈을 뗄 수 없었던 제 경험은 비단 제게 국한된 느낌이 아닐 것으로 믿습니다.

제가 라벤더에 남다른 관심을 갖게 된 건 17세기 후반 영국 런던을 휩쓸고 지나간 흑사병에 얽힌 일화를 우연히 접하고 라벤더에 대한 놀라운 몇 가지 사실을 알게 된 이후입니다. 그 일화는 대략 이렇습니다.

흑사병이 영국을 휩쓸고 지나가자 신분과 계층에 상관없이 많은 사람들이 목숨을 잃었는데 망태기를 어깨에 둘러메고 널린 시신들 사이를 넘나들며 주검이 된 귀족들이 몸에 지니고 있던 목걸이나 반지 등 귀금속을 훔치던 사람들이 나타났다고 합니다. 흑사병의 강한 전염성은 누구나 알고 있었던 터라 그들의 무모한 행동은 사람들의 이목을 끌기에 충분했었겠지요. 놀랍게도 보석을 훔치던 사람들은 누구 할 것 없이 라벤더 꽃잎을 어깨와 허리춤 등 몸에 가득 둘렀다고 전해집니다. 이렇게 퍼져나간 일화를 계기로 흑사병의 무서운 바이러스를 물리치는 효능이 알려지면서 라벤더는 유럽에서 가장 사랑받는 작물 중 하나가 되어 널리 재배되기 시작했다고 합니다.

이렇게 유럽 여러 나라에 퍼져나간 라벤더는 이제 생장조건이 충족되는 곳이라면 세계 어디에서든 흔히 볼 수 있는 작물이 되었습니다. 개인적인 경험 중 하나는 과거 수년간 불면증으로 고생했던 제가 깊은 수면을 위해 베개에 잘 마른 라벤더 꽃잎을 가득 채우고 그 베개를 애용하고 있는데 벌써 십 년 가까이 라벤더는 본래 향을 간직한 채 변함없는 상태를 유지하고 있다는 것입니다.

그런 연유로 캐나다에 이주하여 살면서 라벤더에 대한 관심은 더욱 깊어졌습니다. 마침 뜰이 넓은 집에 살면서 여러 종류의 라벤더를 심어보고 생장상태를 살펴보던 중 햇빛만 충분하다면 라벤더는 무척 생명력이 강한 작물이란 걸 발견하게 되었습니다. 이런 경험으로 라벤더 작물재배에 대한 확신을 갖고 캐나다 대서양 연안 섬인 프린스에드워드 아일랜드에 농장 경영을 착수하게 되었습니다.

라벤더와의 인연이 제게 사업으로 이어지기까지는 한 가지 더 숨은 이유가 있습니다. 뒤늦게 깨달은 사실이지만 라벤더는 제게 아주 귀중한 선물을 안겨주었기 때문입니다. 그 선물이란 공연히 자식 자랑이 될 듯합니다. 현재 캐나다에서 변호사로 일하고 있는 제 딸은 학교 성적이 늘 우수했습니다. 그 이유가 단순히 그 아이가 가지고 있는 공부에 대한 남다른 열정과 노력이라고 생각했습니다. 하지만 돌이켜 생각해보니 유난히 라벤더 향을 좋아해서 베갯속이며 책상 위 화병을 라벤더로 채워놓는 제 딸아이에게 라벤더가 선사한 큰 선물이라는 것을 깨닫게 됩니다. 사실 막연한 느낌이었습니다만 라벤더가 뇌 활성화에 미치는 영향이 이미 오래전 과학적 실험을 통해 입증되었기 때문입니다. 모 의과대학 연구진이 공동 발표한 논문에 따르면 라벤더에서 추출한 오일이 후각 및 청각을 관장하는 뇌의 활성화뿐 아니라 언어능력과 연결된 뇌 영역 활성화에도 좋은 영향을 미친다는 결론을 내리고 있습니다.

이 책을 통해 소개된 수많은 라벤더 에센스 오일의 효능에 대한 과학적 실험결과 및 실제적인 효과 검증으로 라벤더에 대한 수요는 앞으로도 꾸준히 증가할 것으로 보입니다. 하지만 현실적으로 공급에는 한계가 있습니다. 그 중요한 이유 중 하나는 생산방식 및 물량에서 찾아볼 수 있습니다.

식물에서 오일을 추출하는 방법은 여러 가지 다양한 방법이 고안되어 활용되고 있지만 라벤더 에센스 오일의 경우 최대한의 순도와 효능을 끌어올리기 위하여 증류를 통한 방식으로 추출합니다. 증류의 과정은 라벤더 꽃잎에 물을 끓여 얻은 증기를 통과시켜 주요성분을 끌어내는 방식입니다. 수증기와 함께 기체화된 성분은 냉각기를 통과하며 액체로 변화됩니다. 이 액체는 가벼운 오일 성분이 위로 뜨면서 에센스 오일과 라벤더수로 분리됩니다.

여기서 한 가지 주목해야 할 점은 에센스 오일의 산출량입니다. 대략 1리터의 에센스 오일을 얻기 위해 200킬로그램 정도의 꽃잎이 필요합니다. 생산과정의 노력과 비용 때문에 에센스 오일 가격은 상당히 높을 수밖에 없습니다. 따라서 효능이 떨어지는 제품이나 가짜가 출현합니다. 라벤더 향은 천연에서 물리적으로 얻어 내는 에스테르라는 성분에서 나옵니다. 그런데 에스테르는 산과 알코올 또는 페놀을 결합시켜 탈수반응이 일어나면 생성될 수 있는 화합물이기도 합니다. 이것을 이용하여 어렵지 않게 인공 향료를 만들 수 있습니다.

라벤더 에센스 오일의 진위를 가리는 것은 쉽지 않은 과제입니다. 일차적으로 화학적 및 물리적 분석으로 천연 에센스의 품질을 테스트할 수 있습니다. 하지만 수많은 방식으로 가짜 에센스 오일을 만들어낼 수 있기 때문에 그 분석방식에만 의존하는 것은 한계가 있습니다. 그래서 신뢰관계를 쌓은 생산자와의 직거래가 과학적 분석보다 바람직할 수 있지만 이 역시 현실적인 제약이 있습니다. 결국 우리의 예민한 후각의 도움 또한 필요합니다.

라벤더가 재배되는 주요 농작지는 책에서 소개하고 있는 프랑스, 영국, 일본 그리고 호주의 남쪽 섬인 태즈메이니아 외에도 세계 많은 지역으로 확산되어 있습니다. 캐나다 역시 예외가 아닙니다. 캐나다 온타리오주와 브리티쉬 콜럼비아주에 각각 규모가 다양한 라벤더 농장 예닐곱 군데가 관광객의 발길을 끌고 있으며 필자가 경작을 준비하고 있는 프린스 에드워드 섬에도 다섯 자매가 경영하는 라벤더 농장이 있습니다. 이 밖에 제가 알고 있는 바로는 중국의 신장자치구 지역과 한국의 강원도 고성 지역이 있습니다.

이 책의 가치는 라벤더에 관한 정보와 지식뿐 아니라 실생활에 활용할 수 있는 다양하고 구체적인 매뉴얼을 담고 있다는 점입니다. 구슬이 서 말이라도 꿰어야 보배라는 말이 있듯이 이 책에서 알려주고 있는 라벤더를 활용한 생활정보는 이 책의 소장 가치를 높여줄 것이라 믿습니다.

행복에너지 출판사 권 대표님과의 인연으로 저 역시 마법과도 같은 라벤더에 대한 지식을 넓히고자 배우는 자세로 본 역서의 해설을 맡았습니다. 끝으로 이 책이 라벤더에 대하여 관심 있는 독자들께 오래도록 사랑받는 책이 되기를 기원합니다.

추천사

송정섭
화훼원예학박사
SNS(facebook, band) '송 박사의 365일 꽃 이야기'
저서 『송정섭 박사가 들려주는 365일 꽃 이야기』

'허브의 여왕'으로 불리는 라벤더!

'라벤더' 하면 프랑스 프로방스의 라벤더 축제가 먼저 떠오른다. 라벤더는 한여름에 피는 보라색 꽃도 예쁘지만 무더운 여름이나 추운 겨울을 싫어하는 나름 성깔 있고 기품 넘치는 허브식물이다. 국내에도 많은 종류의 허브들이 있지만 라벤더는 그 유용성이 탁월해 애호가들에게 많은 사랑을 받고 있다. 라벤더는 자연이 만들어 준 탁월한 성분으로 진정효과, 통증 완화는 물론 정서적 안정 등에 큰 효과가 있기 때문이다.

허브식물을 종합한 이런저런 책들은 국내에도 많이 나왔지만 라벤더 한 품목을 집중적으로 고찰한 것은 이 책이 처음이라 향기치유, 원예치료 분야 전문가들은 물론 자연과 허브를 좋아하는 일반인들에게도 매우 유용한 이용 지침서가 될 것으로 믿는다.

추천사

정연권
국립경남과학기술대학교 겸임교수
한국야생화사회적협동조합 본부장
『색향미 – 야생화는 사랑입니다』 저자

꽃은 찬란한 아름다움과 무한한 생명력으로 우리에게 기쁨과 웃음 그리고 행복을 주는 자연의 선물이다. 아름다움의 생명체인 꽃은 사람들의 감각과 감성을 자극하여 우리의 삶을 더욱 윤택하게 할 뿐만 아니라 예술적, 인문학적으로 차원을 높여 주는 힐링의 마법사이다. 한편 최근 세계적인 힐링 트렌드와 고령화 속에서 건강과 장수뿐만 아니라 치유와 새로운 로망을 가져다주는 차원에서 꽃이 주목 받고 있다. 그리고 그 선두이자 중심에 라벤더가 있다.

라벤더는 꿀풀과 식물로 40여 종이 있다. 꿀풀과 식물들은 향과 약효가 좋은 것이 특징으로 우리나라에는 꿀풀, 배초향, 꽃향유 등이 같은 집안 출신이다. 라벤더는 색채가 다양하지만 1차적 매력은 보라색의 꽃이다.

보라색은 성스러움과 신비의 색으로서 왕족이나 귀족들만이 사용하는 고귀한 색이었다. 고대 이집트의 여왕 클레오파트라는 보라색 옷을 입고, 보라색 선박을 타고 연인 안토니우스를 마중 나갔다고 한다. 솔로몬 왕의 마차와 영국 왕실의 색도 보라색이었다고 하니 절대 권력자만이 가졌던 색채였다. 또한 우아하면서 고상한 분위기를 연출하니 보라색 꽃을 가진 라벤더는 자연이 주는 축복이다.

2차적 매력은 상큼하면서 달콤한 향기가 일품이라는 것이다. 가볍고 포근하면서 아늑함을 주는 향기는 상대방에게 호감을 느끼게 한다. "당신에게는 아름다운 향기가 있습니다." 그야말로 최고의 극찬이며 보이지 않으면서 느끼는 아름다움의 결정체이고 사랑의 대변인이다. 아울러, 그 향기에 흥분을 진정시키는 효과가 있어 꽃말을 "침묵"이라고 하니 향기가 신묘한 것이다.

3차 매력은 뛰어난 약효이다. 불면증 개선, 신경 안정 등 다양한 약효가 검증되어 많은 사람들이 애용하고 있다.

21세기 농업은 1차 농산물의 생산기지일 뿐만 아니라 1차 농산물을 가공하는 산업을 포함하며 체험관광 등 서비스와 예술까지 아우르는 6차 융복합의 생명 산업이라 할 수 있다. 이 책에는 이러한 모든 길을 안내하고 있어 새로운 산업으로 가는 길잡이가 되리라 생각된다. 더불어 행복한 정원 조성과 허브공원 조성에도 도움이 되리라 믿는다.

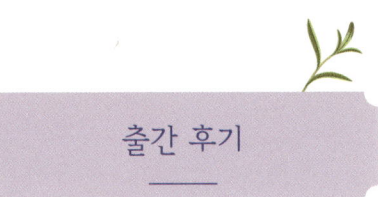

출간 후기

인간의 건강과 웰빙을 위한 가장 중요한 기여자
'라벤더(Lavender)'

권선복
도서출판 행복에너지 대표이사
영상고등학교 운영위원장

'호모 헌드레드(Homo Hundred)' 시대. 유엔이 2009년 처음 사용한 이 용어는 100세 삶이 보편화되는 시대를 지칭한다. 즉 인간 평균수명 100세 시대를 의미하는 말이다. 2017년 한국인의 평균수명은 81.8세. 전 세계에서 가장 고령화 속도가 빠른 나라가 바로 대한민국이다. 말로만 듣던 '100세 시대'가 목전에 다가온 것이다.

그러나 현실은 녹록지 않다. 이미 저성장 시대로 접어든 한국 사회에서 직장인들은 50세면 퇴직을 강요받는다. 한눈팔지 않고 열심히 일만 해도 살인적인 집값과 결혼·양육비용 등으로 좀처럼 경제적 빈곤에서 헤어 나오지 못하는 것이 현실이다. 그에 따라 몸도 마음도 한꺼번에 병들기 십상이다.
이러한 때 또 다른 화두로 등장한 것이 바로 '행복수명'이다. 우리나라 20대부

터 60대까지 경제활동을 하고 있는 사람 1,552명을 대상으로 행복수명을 조사
했더니, 이들의 기대수명은 83.1세인데 반해 행복수명은 74.9세로 행복수명과
기대수명이 8.2세 차이가 났다고 한다. 이는 8년 이상은 행복하지 못한 노년을
보낼 수 있음을 뜻한다.

행복수명이란 궁극적인 삶의 가치인 행복에 건강과 사회적인 관계라는 개념을
더한 것으로, 단순히 오래 사는(living longer) 것에서 그치지 않고 건강하게 잘
사는(living well) 것을 의미한다. 다시 말하면 인간의 삶의 질을 높여 사는 동안 '
건강'하고 '행복'하게 살도록 하는 것이다.

그렇다면 어떻게 해야 인간의 행복수명을 늘릴 수 있을까?

이 책 『라벤더, 빛의 선물(The Magic and Power of Lavender)』의 공동저자 마기
티설랜드는 주저하지 않고 '인간의 건강과 웰빙을 위한 가장 중요한 기여자'로 '
라벤더'를 꼽았다. 또 다른 저자인 모니카 위네만 역시 이 책을 통해 라벤더의 마
법과 힘에 대한 매혹적인 비밀을 소개하는 것을 제1목적으로 삼았다.

많은 사람이 알고 있듯 허브의 여왕, 라벤더는 서양에서 주로 쓰이는 대표적인
약초이자 향신료 식물이다. 라벤더에서 추출한 기름은 향수와 화장품의 원료로
쓰이며, 독특하고 강한 향기는 스트레스를 풀어줄 뿐 아니라 소화불량과 불면증
에도 효과가 있으며, 살균과 소독, 방충 효과도 있다. 이렇게 일반적으로 알려진
것뿐만 아니라 라벤더의 다양한 효능에 대한 자세한 설명과 실용적 사용법에서
부터 라벤더의 치료적인 능력 및 라벤더의 그 길고 매혹적인 역사에 이르기까지

자연과 빛의 선물인 라벤더의 모든 것이 이 책을 가득 채우고 있다.

아무리 좋은 약도 제때 쓰지 않으면 무용지물인 것처럼 아무리 좋은 정보도 알지 못하면 아무 쓸모가 없지 않은가. 이미 영국, 독일 등 선진국에서는 라벤더의 매혹적인 향기뿐 아니라 그 놀라운 효능과 특성들이 잘 알려져 있는 만큼, 이제 우리나라에서도 빛의 선물이자 다재다능한 라벤더의 특성을 정확히 풀어서 설명하고 있는 책 『라벤더, 빛의 선물(The Magic and Power of Lavender)』을 출간하게 됨을 감사히 생각한다.

모쪼록 이 한 권의 책을 통해 독자 여러분 모두가 유익한 정보를 취하고, 이 책에 제시된 실천적인 제안들을 통해 우리의 삶이 보다 풍부해지고, 여기서 한 걸음 더 나아가 이 땅의 삶의 질이 향상되어 건강하고 행복하게 살 수 있다면 더 바랄 것이 없겠다.

첫 장부터 마지막 장까지 오역 없이 독자들이 알기 쉽게 번역해 준 박하균 님에게 감사의 인사를 전하며, 이 책의 저자의 말로 라벤더에 대한 치사를 갈음하고자 한다.

"라벤더의 본질은 무엇일까요? 그것은 우리에게 어떤 영향을 주는 걸까요? 그것이 정확히 우리에게 미치는 효과는 무엇인가요? 우리는 정신없이 바쁜 일정을 바꾸거나 스스로를 되돌아볼 시간을 갖지 못합니다. 이런 상황을 해결할 유일한 길은 평정심을 회복하는 것입니다. 라벤더는 깊고 편안한 잠을 이끌어 내는 놀라운 에센셜 오일이며, 숙면은 우리가 놓인 상황을 분석하는 데 꼭 필요한 바로 그것입니다. 이런 식으로 한 번 잘 자고 일어나면 아침에는 수성 에너지의 긍정적이고 부정적인 측면을 구분해서 볼 수 있게 됩니다. 마음은 점점 더 맑아지고 우리네 인생이 좀 더 즐길 만한 것이라고 느껴질 것입니다."

추천사

| 이주호 원장 (고운식물원)

숲과 정원이 우리에게 가져다주는 이로움은 굳이 말로 표현할 필요가 없을 정도일 것입니다. 일본과 유럽 등지에서는 숲과 식물을 활용한 건강요법이 광범위하게 인정받아 발전되어 있는데 이러한 식물 처방 중에서도 아로마테라피 영역에서 가장 중요시되는 허브식물이 바로 라벤더입니다.

쌍떡잎식물 통화식물목 꿀풀과 라반둘라속에 속하는 식물종인 라벤더는 섬세하고 아름다운 꽃과 사람에게 활기를 돋구어주는 향기로 고대로부터 수많은 사람들에게 사랑받아 왔습니다. 또한 라벤더에 포함된 향유(香油)는 두통을 치료하고 신경을 안정시키며 살균, 방충 효과도 있어 오랫동안 다양한 분야에서 활용되었습니다.

토양과 기후의 차이 등으로 인해 한국에서 라벤더는 다소 생소한 식물로 여겨져 왔습니다. 하지만 이번에 번역·발간되는 이 책 『라벤더, 빛의 선물』은 우리에게 조금은 생소할 수 있는 라벤더의 역사와 재배법, 그 이용법까지 알기 쉽게 다루며 우리를 상쾌한 보랏빛 라벤더의 세계로 초대할 것입니다.

이 책 『라벤더, 빛의 선물』을 통해 숲과 식물이 우리에게 얼마나 많은 것을 가져다주는지 더 많은 사람들이 알게 되고 우리 주변의 식물에 대해 관심과 애정을 가질 수 있는 계기가 되기를 진심으로 소망합니다.

고운식물원 소개

 충청남도 청양에 위치한 고운식물원은 국내 최대·최다 식물종을 보유한 식물원이다. 1990년 부지 조성을 시작해 1997년 식물원 조성인가 후 2003년 4월 28일 개원까지 다양한 식물 구입 및 식재작업을 통해 만들어졌다.

 고운식물원은 친환경적인 식물원 조성이란 목표 아래 기존의 산악지형을 그대로 살려 37㏊(약 11만 2천 평)의 산지에 36개 소원을 만들고 총 8,600여 종의 다양한 식물을 식재하였으며 국내외 조경 관련자들을 위한 실무교육장이자 생태 체험학습장, 학술연구장으로 다양하게 활용되고 있다.

 특히 희귀종 및 멸종 위기의 식물과 그 유전자원을 보존하고 다양한 수목과 꽃들을 식재하여 향토식물자원 보존과 더불어 자연생태관광과 자연학습을 할 수 있도록 꾸며진 산림 문화공간이다.

| 주소: 충청남도 청양군 청양읍 식물원길 398-23
| 전화: 041-943-6245

| www.kohwun.or.kr

Happy Energy books

좋은 원고나 출판 기획이 있으신 분은 언제든지 **행복에너지**의 문을 두드려 주시기 바랍니다.
ksbdata@hanmail.net　www.happybook.or.kr　단체구입문의 ☎ 010-3267-6277

도서출판 **행복에너지**

하루 5분 나를 바꾸는 긍정훈련
행복에너지

'긍정훈련' 당신의 삶을
행복으로 인도할
최고의, 최후의 '멘토'

'행복에너지
권선복 대표이사'가 전하는
행복과 긍정의 에너지,
그 삶의 이야기!

인터파크
자기계발 분야 주간
베스트 **1위**

권선복 지음 | 15,000원

권선복

도서출판 행복에너지 대표
영상고등학교 운영위원장
대통령직속 지역발전위원회
문화복지 전문위원
새마을문고 서울시 강서구 회장
전) 팔팔컴퓨터 전산학원장
전) 강서구의회(도시건설위원장)
아주대학교 공공정책대학원 졸업
충남 논산 출생

책 『하루 5분, 나를 바꾸는 긍정훈련 - 행복에너지』는 '긍정훈련' 과정을 통해 삶을 업그레이드하고 행복을 찾아 나설 것을 독자에게 독려한다.
긍정훈련 과정은 [예행연습] [워밍업] [실전] [강화] [숨고르기] [마무리] 등 총 6단계로 나뉘어 각 단계별 사례를 바탕으로 독자 스스로가 느끼고 배운 것을 직접 실천할 수 있게 하는 데 그 목적을 두고 있다.
그동안 우리가 숱하게 '긍정하는 방법'에 대해 배워왔으면서도 정작 삶에 적용시키지 못했던 것은, 머리로만 이해하고 실천으로는 옮기지 않았기 때문이다. 이제 삶을 행복하고 아름답게 가꿀 긍정과의 여정, 그 시작을 책과 함께해 보자.

『하루 5분, 나를 바꾸는 긍정훈련 - 행복에너지』

**"좋은 책을
만들어드립니다"**

저자의 의도 최대한 반영!
전문 인력의 축적된 노하우를
통한 제작!
다양한 마케팅 및 광고 지원!

최초 기획부터 출간에 이르기까지, 보도 자료 배포부터 판매 유통까지! 확실히 책임져 드리고 있습니다. 좋은 원고나 기획이 있으신 분, 블로그나 카페에 좋은 글이 있는 분들은 언제든지 도서출판 행복에너지의 문을 두드려 주십시오! 좋은 책을 만들어 드리겠습니다.

| 출간도서종류 |
시·수필·소설·자기계발·
일반실용서·인문교양서·평전·칼럼·
여행기·회고록·교본·경제·경영 출판

도서출판 **행복에너지**
www.happybook.or.kr
☎ 010-3267-6277
e-mail. ksbdata@daum.net